服装高等教育“十二五”部委级规划教材

扎染工艺与设计

王　利◎编　著

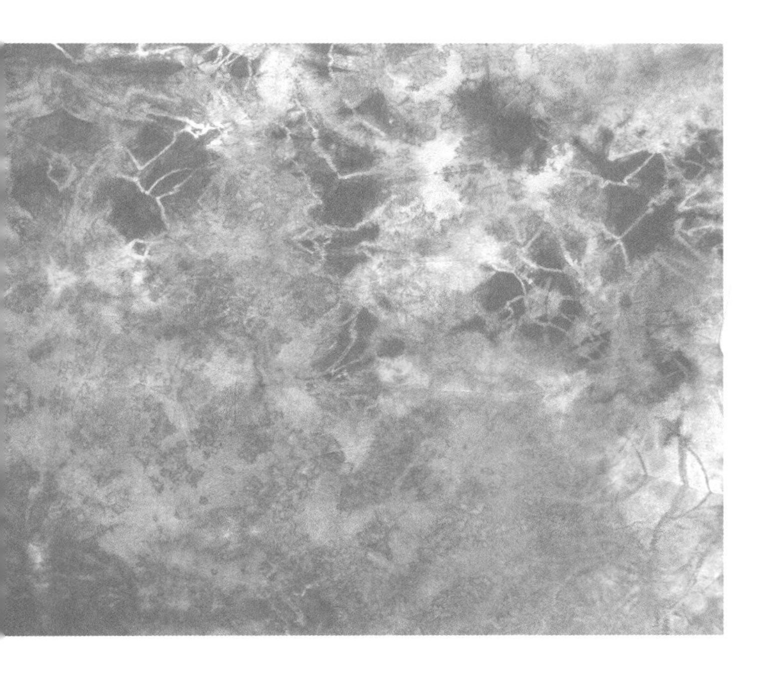

中国纺织出版社

内 容 提 要

本教材对中国传统的织物印花、染色工艺及分类，作了比较清晰的概述，并立足于传统的扎染工艺，从扎染的操作过程和步骤、扎结方法染色工艺，以及扎结工艺与纹样构成形式、扎染纹样与现代纺织产品开发等不同层面，进行了系统的梳理和总结。从学习、继承传统文化及传统技艺的角度，为读者提供实践与创作的可操作性指导。

本教材的受众面较广，适合设计类专业的学生以及相关职业人群阅读。

图书在版编目（CIP）数据

扎染工艺与设计／王利编著. --北京：中国纺织出版社，2015.12（2025.4 重印）
服装高等教育“十二五”部委级规划教材
ISBN 978-7-5180-2252-6

Ⅰ. ①扎… Ⅱ. ①王… Ⅲ. ①结扎染色—高等学校—教材 Ⅳ. ① TS193.59

中国版本图书馆CIP数据核字（2015）第296105号

责任编辑：宗　静　　特约编辑：彭　星　　责任校对：寇晨晨
责任设计：何　建　　责任印制：何　建

中国纺织出版社出版发行
地址：北京市朝阳区百子湾东里A407号楼　邮政编码：100124
销售电话：010—67004422　传真：010—87155801
http：//www. c-textilep. com
E-mail：faxing@c-textilep. com
中国纺织出版社天猫旗舰店
官方微博http：//weibo. com/2119887771
北京通天印刷有限责任公司印刷　各地新华书店经销
2015年12月第1版　2025年4月第8次印刷
开本：787×1092　1/16　印张：7
字数：120千字　定价：39.80元

出版者的话

全面推进素质教育，着力培养基础扎实、知识面宽、能力强、素质高的人才，已成为当今教育的主题。教材建设作为教学的重要组成部分，如何适应新形势下我国教学改革要求，与时俱进，编写出高质量的教材，在人才培养中发挥作用，成为院校和出版人共同努力的目标。2011 年 4 月，教育部颁发了教高［2011］5 号文件《教育部关于“十二五”普通高等教育本科教材建设的若干意见》（以下简称《意见》），明确指出“十二五”普通高等教育本科教材建设，要以服务人才培养为目标，以提高教材质量为核心，以创新教材建设的体制机制为突破口，以实施教材精品战略、加强教材分类指导、完善教材评价选用制度为着力点，坚持育人为本，充分发挥教材在提高人才培养质量中的基础性作用。《意见》同时指明了“十二五”普通高等教育本科教材建设的四项基本原则，即要以国家、省（区、市）、高等学校三级教材建设为基础，全面推进，提升教材整体质量，同时重点建设主干基础课程教材、专业核心课程教材，加强实验实践类教材建设，推进数字化教材建设；要实行教材编写主编负责制，出版发行单位出版社负责制，主编和其他编者所在单位及出版社上级主管部门承担监督检查责任，确保教材质量；要鼓励编写及时反映人才培养模式和教学改革最新趋势的教材，注重教材内容在传授知识的同时，传授获取知识和创造知识的方法；要根据各类普通高等学校需要，注重满足多样化人才培养需求，教材特色鲜明、品种丰富。避免相同品种且特色不突出的教材重复建设。

随着《意见》出台，教育部正式下发了通知，确定了规划教材书目。我社共有 26 种教材被纳入“十二五”普通高等教育本科国家级教材规划，其中包括了纺织工程教材 12 种、轻化工程教材 4 种、服装设计与工程教材 10 种。为在“十二五”期间切实做好教材出版工作，我社主动进行了教材创新型模式的深入策划，力求使教材出版与教学改革和课程建设发展相适应，充分体现教材的适用性、科学性、系统性和新颖性，使教材内容具有以下几个特点：

（1）坚持一个目标——服务人才培养。“十二五”职业教育教材建设，要坚持育人为本，充分发挥教材在提高人才培养质量中的基础性作用，充分体现我国改革开放30多年来经济、政治、文化、社会、科技等方面取得的成就，适应不同类型高等学校需要和不同教学对象需要，编写推介一大批符合教育规律和人才成长规律的具有科学性、先进性、适用性的优秀教材，进一步完善具有中国特色的普通高等教育本科教材体系。

（2）围绕一个核心——提高教材质量。根据教育规律和课程设置特点，从提高学生分析问题、解决问题的能力入手，教材附有课程设置指导，并于章首介绍本章知识点、重点、难点及专业技能，增加相关学科的最新研究理论、研究热点或历史背景，章后附形式多样的习题等，提高教材的可读性，增加学生学习兴趣和自学能力，提升学生科技素养和人文素养。

（3）突出一个环节——内容实践环节。教材出版突出应用性学科的特点，注重理论与生产实践的结合，有针对性地设置教材内容，增加实践、实验内容。

（4）实现一个立体——多元化教材建设。鼓励编写、出版适应不同类型高等学校教学需要的不同风格和特色教材；积极推进高等学校与行业合作编写实践教材；鼓励编写、出版不同载体和不同形式的教材，包括纸质教材和数字化教材，授课型教材和辅助型教材；鼓励开发中外文双语教材、汉语与少数民族语言双语教材；探索与国外或境外合作编写或改编优秀教材。

教材出版是教育发展中的重要组成部分，为出版高质量的教材，出版社严格甄选作者，组织专家评审，并对出版全过程进行过程跟踪，及时了解教材编写进度、编写质量，力求做到作者权威，编辑专业，审读严格，精品出版。我们愿与院校一起，共同探讨、完善教材出版，不断推出精品教材，以适应我国高等教育的发展要求。

中国纺织出版社
教材出版中心

前　言

无论从专业研究的角度，还是教学需求的角度，完成扎染教材的编写是本人多年的夙愿。但如何对待传统扎染技法的学习和研究，以及如何思考和解决扎染工艺的传承与创新，本人一直持着审慎的态度。从单纯学习的角度了解扎染工艺，整个扎结与染色的过程体验，令人感到新奇，既简单又复杂，既完整又琐碎。本人认为，作为一种传统技艺及文化的传承与创新，应该建立在了解、学习的基础之上。在酝酿本教材编写的时候，本人力求站在多年从事扎染教学的角度，通过一些非常具体的过程和内容，来凸显对扎染的理解。这期间经过了多年的时间沉淀与内容的反复推敲，力图使本教材有别于其他同类教材，并与之共同经历学习与探索的体验，分享传统染色技艺和视觉体验之外的思考。

在多年的扎染教学中，本人发现学生们很容易被基本的扎染技法和具体的操作过程所吸引，从而忽略了扎染工艺本身的纹样构成特点与当代设计之间的结合和活用；忽略了传统技艺与时尚潮流之间关系的思考。如何协调这种冲突，几乎成为了学习扎染工艺过程中很难突破的瓶颈。本人认为具备设计专业背景的学生学习扎染时，更应该通过对传统扎结技法、染色方法的学习和尝试去体会扎染工艺的精髓。同时，以创新的精神与反复的实践，来表达对传统的尊重。并结合现代的设计理念，设计和制作出符合当代人审美需求的优秀作品。基于这样的初衷以及多年专业教学的积累，结合对于扎染工艺本身的思考，在本教材中融入了很多如何组织、构思、设计扎染纹样的内容。希望可以帮助学生更好地理解和把握扎染纹样的形成特点、纹样与工艺的特殊关系以及制作的可操作性。这也是区别于其他此类教材的重点之一。

另外，随着当代人们生活水平的提高和生活方式的改变，传统文化与传统技艺也越来越被更多的当代人所关注，扎染就是其中之一。很多不同层面、不同年龄的都市人群中，甚至会被扎染独特的染色效果及便利的制作条件所吸引，尝试自己制作扎染作品。经历身体力行的操作过程，创造出彰显自己个性的扎染织物，体验成功的喜悦。因此，本教材通过对操作过程翔实的说明和细致的图解，为喜欢扎染的普通人群提供了一个学习和掌握扎染技法的可操作平台。

基于本教材既要适应专业教学的需要，又要尽可能地考虑到普通人群的需要，所以在内容上尽量做到翔实、清晰、深入浅出。教材中具体扎结方法的介绍均以图文并茂的形式将各个步骤分解并逐一说明。为了方便实践，对常规的染料类别和操作方法也做了详细的介绍和提示。在扎染作品的解析部分，立足于扎染工艺本身，以文字结合作品实物图像的形式，做了清晰、明了的分析。本教材还提供了大量不同来源的中外扎染作品，为观摩与创作提供了抛砖引玉的契机。

扎染作品是绚丽多彩的，扎染的操作工艺也是轻松的、神秘的。本教材试图通过扎和染的基本方法的解释和介绍，让所有的读者很顺利地穿过它的神秘，在最快的时间里领悟到扎染的真谛。同时，借助于扎染工艺的学习与体会，开启传统文化学习与传承的思考之门。

王 利

2015 年 10 月

教学内容及课时安排

章 / 课时	课程性质 / 课时	节	课程内容
第一章 （8 课时）	基础知识 （8 课时）		* 扎染工艺概述
		一	扎染工艺与传统印染技艺
		二	扎染工艺简介
第二章 （12 课时）	实践知识 （36 课时）		* 扎结工艺与纹样设计
		一	扎结方法与纹样效果
		二	扎染纹样的组织与变化
第三章 （12 课时）			* 染色工艺
		一	常用染料分类
		二	不同染色方法简介
第四章 （12 课时）			* 扎染实践解析
		一	常见扎染方法的综合使用
		二	扎染中的常见问题分析
第五章 （4 课时）	解析与欣赏 （4 课时）		* 作品欣赏

目　录

基础知识

扎染工艺概述

课题名称：扎染工艺概述

课题内容：1．扎染工艺与传统印染技艺。
　　　　　2．扎染工艺简介。

课题时间：8 学时

教学目的：让学生了解传统印染工艺的历史，以及了解传统印染工艺的分类。了解扎染工艺的特点、材料、工具、操作的步骤和方法。并结合实践，尝试简单的扎结操作。

教学方式：讲授法、举例法、示范法、启发式教学、现场实训教学相结合。

教学要求：1．让学生了解传统印染工艺的概念与分类。
　　　　　2．让学生了解扎染工艺的特点和操作程序。

第一章

扎染工艺概述

第一节　扎染工艺与传统印染技艺

传统印染技术的形成和发展，经历了不同历史时期的演变过程，形成了不同的技术体系与工艺，奠定了当代织物印花染色技术形成与发展的基础。了解传统的织物染色、印花技术，无论是从学习、熟悉传统染色技艺的角度，还是从探寻不同的传统印染技术与当代印花技术形成的传承关系的角度，都是非常必要的。对于丰富当代纺织产品设计的形式与内容，都有着非常现实的意义。

扎染是我国传统的手工染色工艺，有着悠久的历史，古称“绞缬”。据史料记载，这种染色工艺早在秦汉时期就已经被我国西南地区的少数民族所掌握。并经过不同历史时期的发展，一直流传至今。扎染工艺是我国传统印染技术中的一个以防染为技术手段的织物染色方法，与蜡染、夹染属于同一个类别，是我国传统印染技术的重要分支，与凸版印花、碱剂印花同被认为是我国传统印染技术的核心。

一、传统印染技艺背景简介

我国印染技术的发展历史非常悠久，关于印染工艺历史的记载可以追溯至秦汉。随着社会的不断发展与进步，印染技术也经历了一个不断发展与成熟的过程。我国历史上很多古文献都有对传统印染技术形成和发展的记载。这些文献中对于当时印染技术的描述，都可以作为现在研究传统印染技艺的佐证。例如，在《后汉书》中，就有这样的记载：“（哀劳人）……知染采文绣，罽毲帛叠，兰干细布，织成文章如绫锦”。文中的“哀劳人”就是指现在云南地区的少数民族。

这段记述中明确地说明了当时的人们通过印、织、染等不同的技术来制作带有花纹织物的方法。又如，在《二仪实录》中也曾提到夹缬，可见，远在秦汉时代，我国古代劳动人民就已经初步掌握了印染的技术，并将其普遍用于日常的生活之中。从文献记载看，我国古代印染技术当起源于西南的少数民族地区（至今，云南、贵州等地区的一些少数民族依然保留并采用着一些传统的印花和染色方法）。随着历史及经济的发展，印染技术逐渐传至中原。至唐、宋时期，印与染的工艺已经相当成熟。

古代印染技术的发展，首先经历了画缋的时期。当时，人们使用手绘的方法将矿物质的染料直接画在织物上。随着历史的发展，后来又慢慢地出现了手绘与印、染色相结合的方法。这种方法逐渐取代了纯粹的手绘方法，并在不断演变过程中完善着不同的印及染色的方法。较有代表性的传统印染技术大致有如下几种：凸版捺印、夹缬、蜡缬、绞缬、碱剂印花技术等。在传统工艺中，蜡缬、绞缬工艺，由于自身的工艺局限和制作特点，相对完整地保留了原始的面貌，并一直流传至今。利用蜡染、扎染工艺方法制作出的织物，纹样风格鲜明，效果独特，带有非常明显的材料特征和制作痕迹的美感，至今依然深受人们的喜爱。

二、传统印染技艺的分类与工艺特点

传统的印染工艺形式，可以追溯到画缋的织物装饰方法。随着染料的不断开发和使用，印染的工艺也得到了进步，最早的织物染色技术也逐渐形成。

古人将织物的印染技术统称为染缬，缬是指织物上的花纹。染缬技术是指使织物获得纹样装饰的工艺。染缬技术的种类很多，有以印制纹样为特点的工艺，也有通过织物的染色获得纹样的工艺。不同的染缬技术，由于工艺形式和操作特点的区别，又形成了不同的类别分支，但其所追求的最终目的是一致的。

1. 凸版印花

凸版印花也称凸版捺印，是最早取代手工绘制的印花技术。凸版印花的工艺原理，类似于当代人使用图章的方法，是将事先雕刻好的纹样凸版蘸上染料，然后捺印在织物上。

目前，可考最早用凸版印制的纹样出现于新石器时期的陶器上。在河南、陕西等地出土的印纹陶制品上就有用“陶拍”（一种印制工具）印制的带有凹凸感的精美菱形图案。这种图案与商周时期的纹绮丝绸上的图案非常相似。奴隶社会时期，最初的凸版捺印形式主要是在货物流通、商品买卖的过程中做封印时使用，古人称为玺节。到了春秋战国时期，凸版印花技术才在织物印花的领域得到应用和发展，并相对成熟，西汉时期已经具备了相当高的水平。马王堆出土的西汉文物中，有几件印花敷彩纱和金银色印花纱织物（图 1-1），足以说明西汉时期的人们已经可以将凸版印花技术与彩绘技术结合起来使用了。

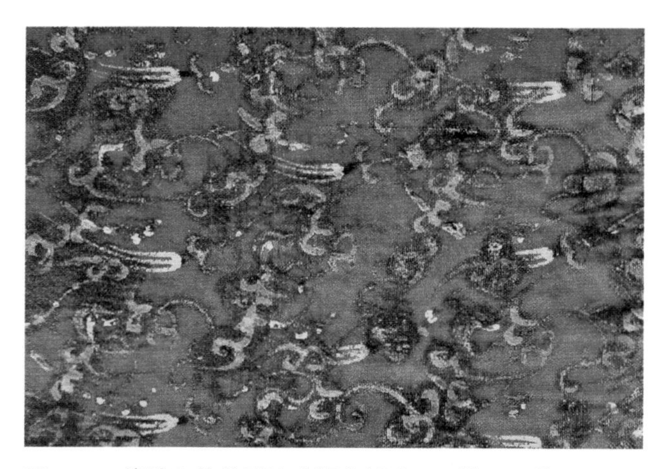

图 1–1　绛地印花敷彩纱（湖南长沙马王堆 1 号墓）

隋唐时期，我国的凸版印花丝织品已经通过丝绸之路向西域输出。这一点，可以从新疆出土的唐代印花纱织物得到证明。有的史学家认为，唐代的木板印刷技术、宋代的活字印刷技术的发明，都可能受到了纺织品凸版印花技术的影响。凸版印花技术到明代依然十分的盛行，在《墨娥小录》中就有所记载，记载中描述了当时印花版的花样可以随意雕刻、翻新。而且，当时抚州地区的雕刻花版技术甚至以“匠人最工”而出名。另外，明代利用凸版印花技术的生产规模非常的大，对于不同过程的分工也已经相当明确。清代的凸版印花技术在明代的基础上有所发展。当时除了汉族人以外，很多少数民族也开始广泛地使用凸版印花技术。例如，清代维吾尔族曾使用花木滚和印花戳印制纹样。到公元五、六世纪，凸版印花技术传至日本，日本人称凸版印花织物为“折纹”或“阶布”。凸版印花技术在14世纪的欧洲也十分盛行，至17世纪欧洲各国才普遍掌握了这种技术。18世纪，由于资本主义贸易竞争的激烈，而传统的凸版印花技术生产力相对低下。因此，英国人才在凸纹木板印花技术的基础上，发明了凹纹滚筒印花技术，从而取代了凸纹平版印花的方法。这一技术发展至今，就是现在人们所熟知的现代滚筒印花技术。

2. 夹缬

传统夹缬工艺，与蜡缬、绞缬属于同一个类别的织物防染染色工艺。这种工艺用雕刻出的两块相同的镂空木板，把对折起来的织物夹在镂空版之间，然后用绳子捆好；再把染料注入镂空的花纹里，或者将固定好的花版和织物投放进染液染色，待染料晾干后去掉缬版，织物则呈现出对称的纹样。

也有其他形式的夹板染色工艺。例如，首先要雕刻出镂空的“缬版”，即我们通常意义的花版。在印花时将缬版覆盖于织物之上，并在镂空处涂刷染料使染料漏印在织物上，最后除去缬版，花纹则呈现于织物上。

最初夹缬使用的镂空花版，具有一定的厚度，镂刻出的花纹不但较粗糙而且较费工，使用起来也十分的笨重。到了唐代出现了一种特制的纸，用以替代薄木板。新疆出土的唐代印染物的花纹则可以分析出是使用纸质花版印制的。用经过处理的纸张刻出的镂空纸花版用于夹缬，大大地提高了印制的效率，也节省了大量的生产力。同时，也使印制出的花纹更细致，变化更丰富。

早期夹缬所采用的染料是液状的，用稀薄的染液印花，染液会四处浸润影响纹样的清晰。到了宋代，染液中便加进了胶质或粉质物，把染液调成了糨糊状，从而解决了染液的渗润问题，使得印花效果变得清晰、精致。这种改进后的工艺当时被称为“浆水缬”。

总之，夹缬或浆水缬，都是将染料注入镂空的花版中，使染料在与织物的直接接触过程中，形成印花。传统的夹缬工艺，也可以说是当代台版平网印花的前身，属于直接印花的技术范畴（图1-2）。

图 1–2 《绿地花果纹夹缬绸》 明

3. 蜡缬

蜡缬即是当代人所熟知的蜡染，是我国古代印染技术流传较广，保留较完整的染色工艺之一。

蜡染工艺历史悠久，据史料记载，这种染色工艺早在秦汉时期就已被我国西南地区的少数民族所熟练掌握。蜡染工艺同属于织物防染染色工艺的类别，特点是利用蜡并借助蜡不溶于水的性质，作为基本的防染材料。传统蜡染多采用蜂蜡或石蜡，首先将蜡通过高温熔化，然后借助于自制的不同蜡刀、蜡笔、漏斗、蜡壶等大小不一、形状各异的工具，用熔化的蜡在织物上画出花纹。待蜡凝固后进行织物的染色，染色后，用水煮的方法脱蜡。脱蜡后，被蜡覆盖的织物部分呈现出白色或蓝色的花纹。这种织物在当时被称为“阑干斑布”，据史料记载，到了晋朝蜡染已经能够染出数十种颜色。

蜡染工艺的具体操作方法与过程，因地域的区别也有所不同。如用镂空的两块木花板夹住织物，再将镂空的部分注入熔化的蜡，待蜡凝固后将花板去掉；再将织物投入染液进行染色，染色后用水煮的方法将蜡去掉，同样获得了“极细斑花，炳然可观”的纹样。用蜡染工艺染成的织物，在一些少数民族地区，也被称为“傜斑布”。

由于采用蜡作为基本的防染材料，蜡冷却凝固后具有一定的脆性，因此，蜡封过的地方会形成一些自然的折痕或裂纹。通过染料的浸泡，这些折痕或裂纹下的织物部分也会相应地被染色，这样便形成了蜡染织物所特有的龟裂效果。在对蜡染工艺纹样效果的形式感探求中，蜡染织物的龟裂效果，逐渐形成了一种独特的艺术语言（图 1-3）。

4. 绞缬

与夹缬、蜡缬同时存在的绞缬，同样是传统的织物染色工艺，即当代人熟知的扎染。扎染工艺在隋、唐时期就已经十分盛行，唐人称之为“撮晕缬”。据史料记载，当时的扎染工艺已经能够染出十几种颜色的织物。

扎染染色工艺的操作非常简单。首先，利用绳、麻之类的物品，按照纹样的构思将织物捆绑、扎结。然后，将扎结好的织物进行染色。由于织物通过捆、缝、扎形成的折叠挡压，在染色过程中起到了防染的作用，从而保留了部分织物的原色，以达到染色目的。这些不被染色的织物部分，即是花纹。传统的扎染多在丝织物上进行，纹样多以蓝地白花或白地蓝花为主，纹样题材如“鱼子缬”、“玛瑙缬”等，并有别于其他染色或印制工艺所形成的纹样效果。

扎染工艺中，由于扎结用力轻重的不同、扎结材料的不同、扎结松紧的不同、染色过程中染料对织物的浸透程度不同，都会形成不同的染色效果。其操作简单且易于掌握，所以深受人们的喜爱。至今，依然被我国云南大理等地区的少数民族所采用（图 1-4）。

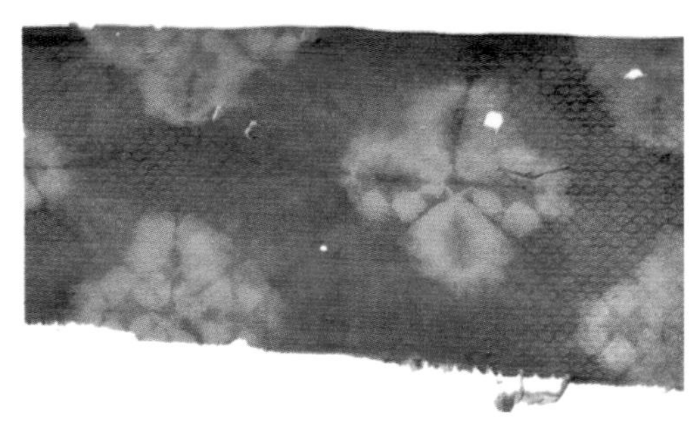

图 1-4 《绞缬四瓣花罗》 新疆吐鲁番阿斯达娜出土

5. 碱剂印花

碱剂印花技术主要流行于唐代。碱剂印花技术适用于没有经过处理的生丝面料的印花或染色，生丝织物是没有脱去丝胶的织物。在利用草木灰或石灰质碱性较强的物质作为染料进行印花时，碱性物质可以破坏掉生丝的丝胶，通过水洗洗掉碱性物质和丝胶。印有纹样的织物部分脱掉部分丝胶后纹理显得疏松并呈现出有光泽的丝质部分，与没有经过印花或染色的生丝织物部分形成了不同色泽的对比，显现出印制的纹样。

碱剂印花也可以在上述印花过程之后进行染色的处理，便得到了色彩深浅不一的印花丝织物。碱剂印花也可以先染色再印花，这种方式是在印花的染料中加入碱性物质，使染料在破坏丝胶的同时在丝朊上着染。待织物干燥后再通过水洗处理掉碱性物质和部分丝胶，完成印花过程。这种工艺类似于当代的拔染印花技术。碱剂印花的染色牢度不是非常好，尤其日晒牢度和水洗牢度均不理想，所以需要固色处理（图 1-5）。

图 1-5 《绿色狩猎纹印花纱》 新疆阿斯达娜出土

第二节　扎染工艺简介

一、扎染工艺的特点

扎染工艺属于织物的防染染色工艺。学习传统的扎染工艺，应从了解织物的品类、染料的特性以及防染的不同材料和手段入手。尝试扎结与染色的不同操作过程，体会不同材料、工具与染色效果的对应关系，才能通过扎与染的完美结合染出理想的作品。

在扎染工艺中，扎与染是两个不同的工艺概念，即扎结与染色。工艺流程的顺序是先扎后染。扎结过程是决定最后染色效果的关键。

扎结的方法有很多，常见的有以针线缝制为主的扎结方法，有借助于道具的扎结方法，也有通过织物的折叠捆扎形成的扎结方法。不同扎结方法的选择，应遵循纹样的设计要求进行。同时，不同扎结方法的具体扎结特点也有区别，所获得的在最后染色效果也不尽相同。

由于扎染工艺的复杂性、扎结方法的多样性，此处仅以针线缝制的扎结方法为例，说明一下扎染工艺的特点。在使用针缝的扎结方法时，如果纹样风格细致、缜密，扎结时使用的针距要相对小、密，扎结所使用的绳线也应细而结实。反之，如果纹样风格粗犷或不具体，扎结时便可以选择相对粗的绳线。缝制的针距也可以相应大些，扎结时用力也应该相对小一些。此外，选择针距大小和线的粗细，也要对应具体织物的薄厚、织纹的粗细。使用针线缝制的扎结方法，缝制后抽紧线的过程要注意“整型”的处理。否则，破坏了织物随线所自然形成的皱褶，也会造成染色不均匀，影响纹样的造型和清晰度。扎结用力的大小决定了扎结织物的松紧，同样也会对纹样的清晰程度产生影响。

选择不同类别的扎结方法，都会面对扎结方法本身的特点、扎结方法与纹样的对应等问题。由于扎结的过程完全由手工操作，所以，选择的扎结工具与材料，扎结时用力的大与小，织物扎结的松与紧等，都没有量化或规范的界定。因此，个人的经验尤为重要。扎结的方法是永远没有止境的。只要把握“防染”的扎结本质，就可以不断地发现新的扎结材料和新的扎结方法；就可以使扎染作品的效果既出乎意料，又在情理把握之中。

扎染工艺的染色过程也对染色的最后结果起着非常关键的作用。扎染的染色可以在不同的织物上进行，关键是选择的染料类别和染色工艺要与选择的织物类别相对应。除此之外，在利用化学类染料进行扎染的染色时，既要遵循染色工艺操作的规范，又要根据预期的染色效果人为地进行控制。例如，相同颜色的不同明度变化，则需要在染色过程中，对织物不同部位的染色时间长短进行控制；再如，多色染色的先后顺序、相间（如蓝黄、蓝相间渗透成的绿色）的染色处理等，都需要根据预期的效果在染色之前做好安排。染色的过程相对复杂，需要在不断的尝试过程中慢慢地积累经验。

扎染纹样的变化也是扎染工艺的特点之一。扎染的纹样，无论是传统的“鱼子缬”“玛瑙缬”或蝴蝶纹样，还是现代的几何纹样、花卉纹样，以及利用扎染的工艺制作的其他图形效果，都具有一种不规则的、朦胧的、浑然一体的天然属性。那些美轮美奂的纹样及神奇多变的晕色效果，既富有情趣又具传神特点，能给人以丰富的联想。既符合当代人的审美心理倾向，又顺应了社会时尚的发展。永远没有两块完全相同的扎染作品，扎染其无穷的纹样魅力也在于此。

扎染工艺的手工操作特点，最大限度地突出了人的主观作用。纹样的不同风格和特点，扎结的材料和方法，染色过程的调整，都可以自由地进行把控。只要把握好扎结与染色的不同步骤，通过实践的积累，便能够更多地体会到扎染工艺的无穷奥妙与乐趣（图 1-6）。

图 1-6　云南大理扎染织物

二、扎染的材料与工具

扎染的材料和工具是尝试扎染工艺的重要组成部分。扎染的材料和工具，也是生活中可以随时发现和选择的。扎染材料和工具的选择范围非常大，了解其性能、特点和作用，是准备好扎染材料和工具的前提。

1. 扎染的材料

（1）织物类。

适合于扎染的织物种类很多，在棉、毛、丝、麻等天然纤维织物上都可以进行扎染。从染色效果和操作的便捷条件看，犹以棉、丝织物更为常见。

通常的情况下，选择进行扎染的织物不易过厚或过薄。过厚的织物不宜扎结，不宜表现清晰的纹样。过薄的织物，在染色时不宜控制染料的渗透。弹性较大、硬度较强的织物通常也不适合用于扎染。

（2）绳、线类。

绳、线类材料的选择范围相当广泛。从用于缝纫的线到包装线，从棉线到尼龙线，从布条到橡皮筋，都可以用于扎染。要注意不同质地的绳线与染色工艺的对应关系。绳线粗细的选择可以根据织物的薄厚和纹样的风格而定，细线比较适合薄一些的织物，扎结染色后的纹样效果也较细腻；粗线较适合相对厚的织物，扎结染色后的纹样效果也较粗犷。由于扎结的松紧需要人为的控制以及一些染料过强的渗透力，都需要选择的绳、线具备一定的强度。

（3）挡板类。

在扎染过程中，有的扎结方法需要挡板。挡板的选择和使用应该结合纹样的特点进行。挡板的类别非常多，也容易准备。竹类、木类、塑料类及其他材质的挡板都可以用于扎染。当然，还可以结合纹样特点的需要，任意制作不同形状、不同用途的挡板。

（4）染料类。

染料的选择是扎染过程中的关键环节。染料的种类比较多，染色工艺也相对繁杂。染料的选择应该根据所使用的织物类别进行。不同的织物类别对应不同类别的染料，同时，也要对应不同类别染料的染色、固色等操作工艺。例如，丝、毛类织物适合选用酸性染料，棉类织物则适合选用直接染料、还原染料，活性染料、天然植物染料等。

（5）辅助的防染物品类。

在扎染的尝试过程中，往往会用到很多的辅助材料。塑料布、夹子、纸板、糨糊等，都可以在扎染中起到不同的防染作用，从而获得不同的染色效果。

2. 扎染的工具

扎染的工具主要包括一般扎染操作过程中常用到的工具，还包括染色过程中用到的染色工具。

常用的工具包括：木夹、胶皮手套、剪刀、缝衣针、电烫斗、笔、尺、小钳子等。常用的染色工具包括：天平、量杯、染缸、染盆、电磁炉、电蒸箱、玻璃搅棒、木搅棒等。在染色工具的类别中，使用不同的染料染色，工具器具也不尽相同（图1-7～图1-10）。

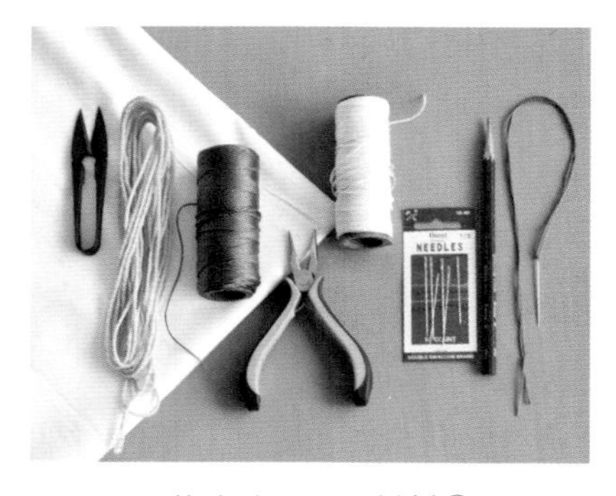

图 1-7　扎染的工具和材料①

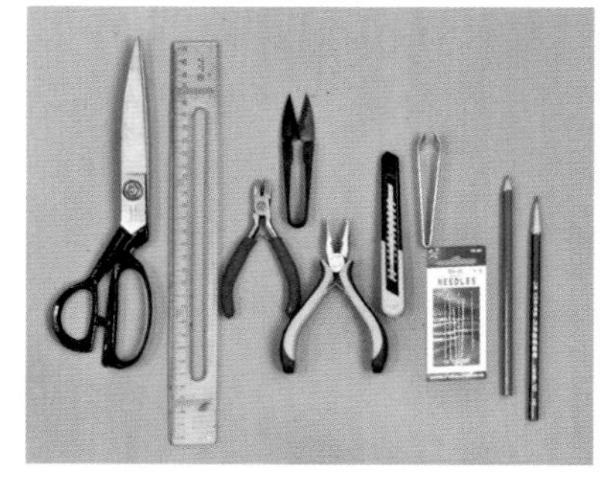

图 1-8　扎染的工具和材料②

图 1–9　扎染的工具和材料③

图 1–10　扎染的工具和材料④

三、扎染的步骤与方法

扎染的工艺流程简单、易于操作。但是，如果不严格地按照操作顺序和步骤有计划、有目的地进行，会直接影响到最后的染色效果。严格按照操作规程进行扎染实践，是获得理想扎染织物的基本保障。

扎染工艺的流程基本分为 10 个步骤：前处理、定形、描稿、扎结、浸色、晾干、水洗、固色、脱结、后整理。

1. 前处理

对选用的织物进行简单的前期处理是非常必要的。首先对织物进行洗涤、退浆，为扎结做好准备。目的是退去织物表面的胶浆物质，从而使织物便于充分地吸收、渗润染料。

操作方法也比较简单，首先将织物浸没于清水中，加入相当于织物重量 5%的碱面或 5%的洗衣粉，然后加温水煮 30 分钟左右，再用清水洗净、晾干后备用。

2. 定形

由于洗涤处理后的织物容易产生变形，所以有必要对织物进行定形处理。

操作方法是用电烫斗将织物烫平。这个步骤既整理了织物的形变，又为接下来的描稿阶段提供了宜于操作的织物状态。

3. 描稿

描稿也称过稿。是将设计意图完整地体现在织物上，为扎结步骤能够有计划、有条理地进行做必要的准备。

4. 扎结

在扎染过程中扎结的步骤最为关键。这个步骤是利用不同的材料、不同的扎结方法对织物进行染色前的最后处理。操作方法很多，一般通过缝、捆、绑、抽、缠、绕、挡、拧、夹、搓等工作过程，对织物进行不同形式的扎结，但要根据染料的渗透特点和预期的染色效果决定扎结的松紧（图 1-11~图 1-13）。

5. 浸色

浸色即是扎染工艺中的染色过程。是将扎结好的织物根据所对应的染料及染色工艺，放入适当的容器中进行染色处理。掌握不同染料的成分、助剂、配比等常识，是确保织物进行成功染色的前提。

6. 晾干

一般情况下，应将染色后的扎结织物在保持不脱结的状态下自然晾干。晾干的目的是为确保染料在织物中充分地浸渗，同时不使浮色渗透到扎结的纹样中，以确保染色的效果。有些特殊的染料在染色过程中，需要氧化的过程，这种情况下，染色后织物的自然晾干过程就更为必要了。

7. 水洗

水洗是将染色后晾干的织物保持未脱结的状态进行清水洗涤的步骤。目的是将织物表层的浮色洗掉，以免脱结后多余的染料渗入被扎结的部分，影响染色效果。清水洗涤的步骤没有严格的标准限制，可以根据经验和染色过程的具体情况进行把握。

8. 固色

固色步骤的目的是增强织物染色的色牢度。进行固色操作时应结合所选择的固色原料、助剂、配方、操作工艺等因素来完成。不同的染料有各自不同的固色材料和固色方法。

9. 脱结

脱结即脱去染前扎结的部分。这是体现完整染色效果的步骤，也是整个扎染过程中最为激动人心的步骤（图 1-14）。

10. 后整理

由于织物在洗涤、扎结、浸色、固色等过程中会产生变形，因此，在织物脱结后应对织物进行相应的整理，以保证最终的染色效果完美。例如，有时因为扎结太紧可能会使织物失去原有的平坦，所以使织物恢复原有的形态则是必不可少的环节。这一步骤的操作极其简单，用电熨斗将脱结之后的织

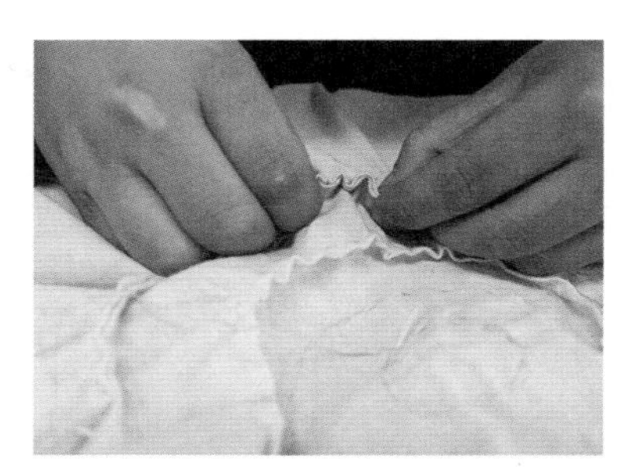

图 1–11　缝制

图 1–12　扎结

图 1–13　扎结好的织物形状非常有特色

图 1–14　脱结

物烫平即可（图 1-15）。

图 1-15　经过后整理的扎染织物

思考题：

1. 传统印染工艺是如何分类的？
2. 扎染工艺的操作特点是什么？

实践知识

扎结工艺与纹样设计

课题名称：扎结工艺与纹样设计

课题内容：1．扎结方法与纹样效果
　　　　　2．扎染纹样的组织与变化

课题时间：12 学时

教学目的：让学生通过尝试简单的扎结与染色实践，了解不同的扎结方法所获得的染色效果，体会扎结方法与纹样以及纹样结构的关系，探寻适合扎染工艺的纹样构成方法。

教学方式：讲授法、结合现场示范等实验教学。

教学要求：1．让学生了解和掌握不同扎结方法与纹样的对应关系。
　　　　　2．让学生运用扎染的特殊纹样效果构成完整的纹样。

第 二 章

扎结工艺与纹样设计

第一节 扎结方法与纹样效果

扎结方法与纹样效果的关系非常紧密，扎结方法的选择与运用是构成不同纹样效果的关键。扎结的方法，既可以决定纹样的表现效果，也会间接地影响到纹样的形式构架。扎结方法选择得恰当与否，会直接影响到纹样最终的视觉效果。

扎结方法是一个非常灵活的手工操作部分，也是一个相对独立完整的工艺构成环节。随着材料与工具的发展，在理解扎结方法防染作用的基础上，可以尝试不同扎结方法的变化。通过延展与丰富扎结技法，可以提升扎染作品的最终效果。

纹样的形式与表现效果具备自身的形成逻辑与体系，与扎染的工艺形式结合时，要充分地考虑到两者之间的差异关系。处理相对概念的纹样形式与扎结方法之间的衔接与融合，既要充分发挥纹样构成形式带给人的美感，又要兼顾扎染工艺手工操作的特点及局限，二者缺一不可。

扎染纹样的设计，在整体扎结过程中起着非常重要的作用。反之，扎染纹样的设计，也会受到扎染工艺的限制。好的扎染纹样的设计，既应该是一幅完美扎染作品的灵魂依托，也应该是纹样效果和扎染工艺完美结合的产物。在扎染纹样的设计过程中，有必要根据设想的纹样效果做一些扎结方法的尝试。这不仅会为纹样的设计提供可操作的依据，也常常会给设计者带来许多有益的启迪（图 2-1）。

一、缝的扎结方法

缝的扎结方法是扎染工艺中主要的扎结技法，是用针、线对织物进行有目的地缝制、抽紧、打结的过程。缝制的针

图 2-1　采用缝的扎结技法完成的扎染织物

法有很多，如平缝扎、折缝扎、卷缝扎、根缝扎、叠缝扎等。缝制时针距大小的变化与行针的灵活运用是缝扎的关键。表现细密的纹样时，针距相应较小较密；表现粗犷的纹样时，针距相应较大较疏。不同纹样的部分之间也要留有一定的间距，间距通常不能小于 7mm。一般使用较厚的织物时，纹样的间距也应更大一些。在缝扎的实际操作中应根据纹样构思的需要，选择适当的缝扎方法。可以选择单一的缝扎方法，也可以综合使用多种缝扎方法。缝扎中，缝线的纵横、间距、针距的疏密以及纹样不同部分的避让等因素都会使最后的扎染作品产生不同的纹样效果。

1. 平缝扎

平缝扎是利用平针缝的方法，沿着织物上已经描画好的图形轮廓进行缝制。缝线可以是直线、弧线，可以是斜线或成角折线，也可以是闭合或不闭合的形状。针与线是平缝扎结的必要工具和材料。平缝的针距一般为 5 ～ 15mm。平缝后再沿着缝制好的缝迹将织物抽紧、扎牢。

平缝扎的纹样特点一般多为线性纹样。这类的线性纹样是由不同大小的针距所形成的点串联而成。染色后的线条本身就具备非常独特的美感和表现力，再结合不同的图形、不同的缝迹，可以产生出变化丰富的线条组合及形象（图 2-2、图 2-3）。

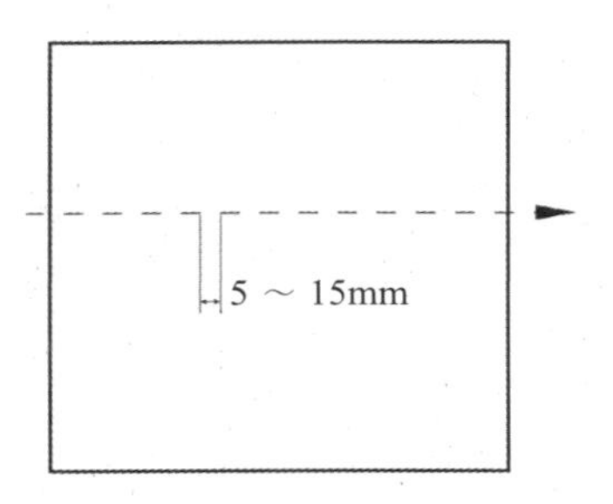

图 2-2　缝制的缝迹和针距示意

图 2-3　平缝扎染色效果示意

（1）直线平缝（图 2-4、图 2-5）。

图 2-4　直线平缝的缝迹意

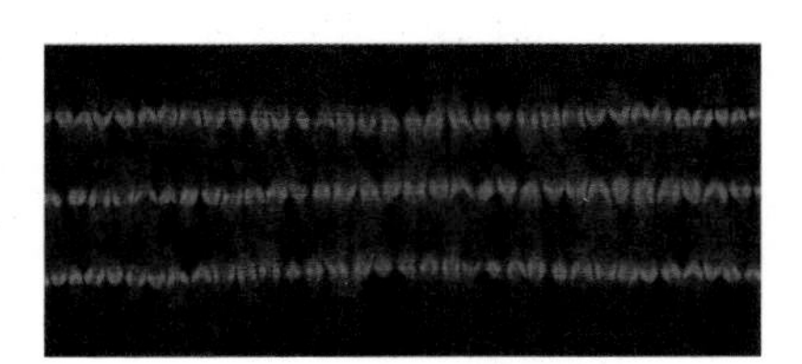

图 2-5　直线平缝的染色效果

（2）弧线平缝（图 2-6、图 2-7）。

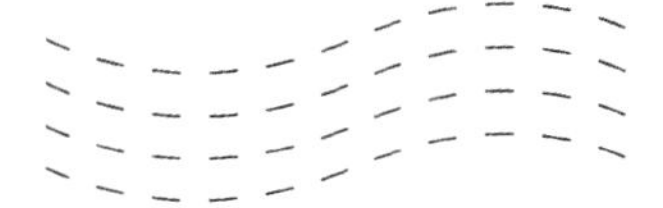

图 2-6　弧线平缝的缝迹

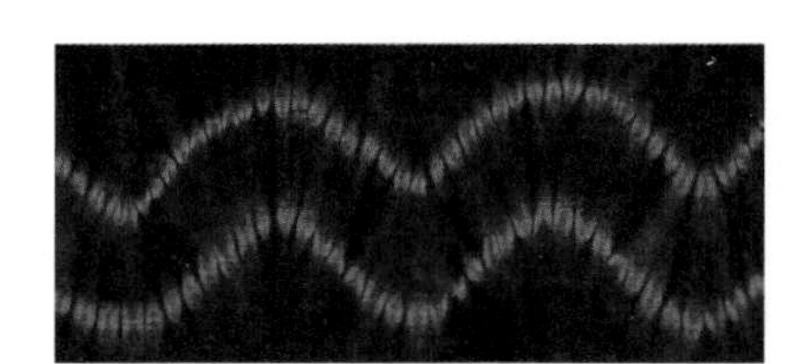

图 2-7　弧线平缝的染色效果

（3）折线平缝（图 2-8、图 2-9）。

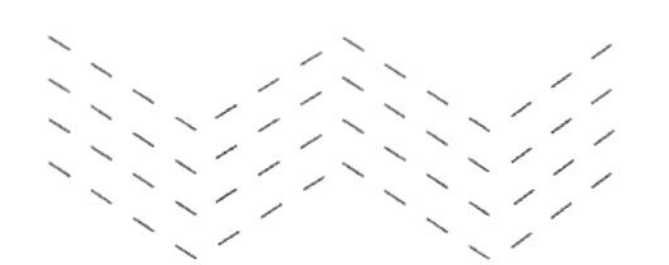

图 2-8　折线平缝的缝迹

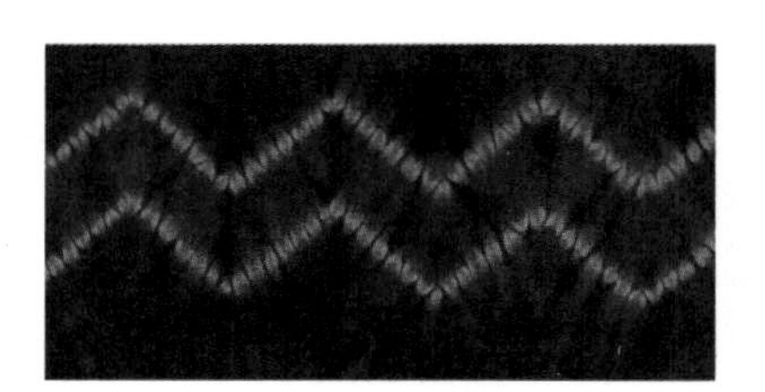

图 2-9　折线平缝的染色效果

（4）规则形平缝（图 2-10 ～图 2-13）。

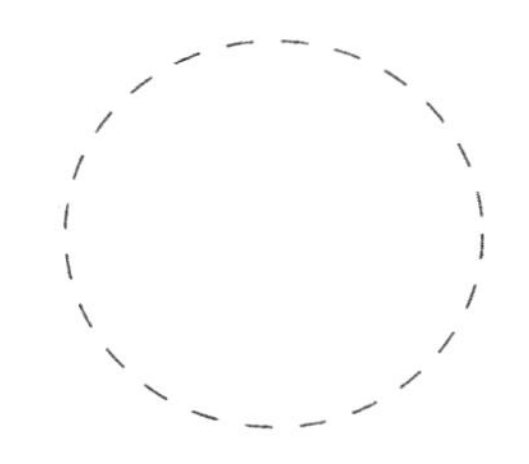

图 2-10　圆形平缝的缝迹

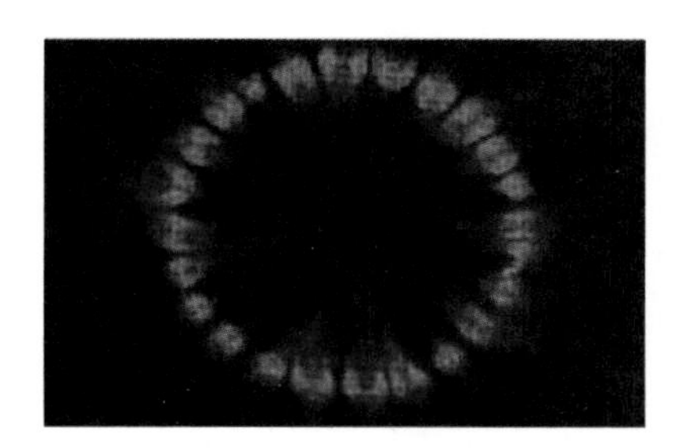

图 2-11　圆形平缝的染色效果

图 2–12　方形平缝的缝迹

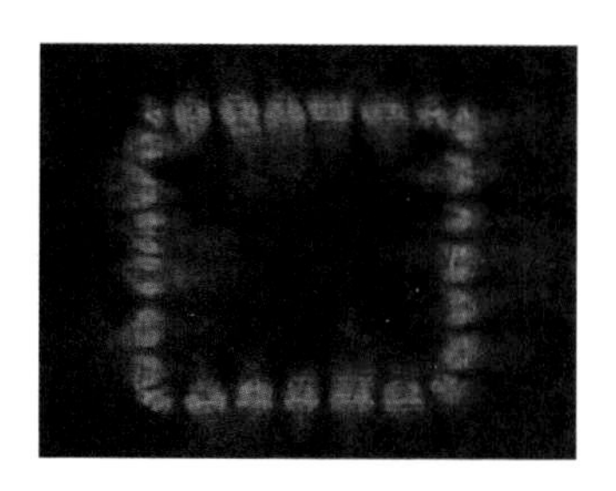

图 2–13　方形平缝的染色效果

（5）异形平缝（图 2-14、图 2-15）。

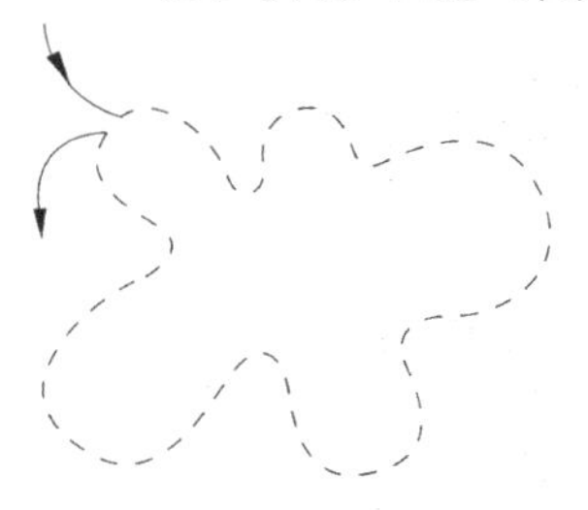

图 2–14　异形平缝的缝迹

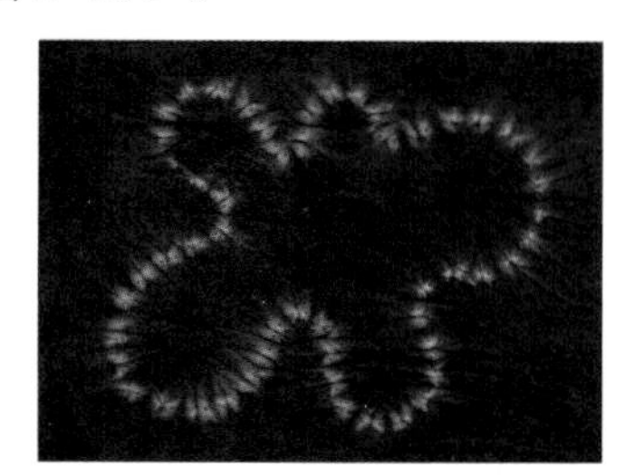

图 2–15　异形平缝的染色效果

2. 折缝扎

折缝扎的方法更适合表现对称形式的图形。折缝扎在缝制前要先将织物进行折合，然后利用织物的折合部分，沿织物的折线部位用平针缝的方法进行缝制。缝制后将缝线沿缝迹抽紧、扎牢。折缝扎的形式可以有很多种。例如，可以利用不同的缝线形式与折合部位形成关联来进行折缝，或者将缝线与织物的折线保持相应的距离进行折缝，染色后都会得到不同变化的对称图形。

折缝扎的方法通过单面的缝制，不但可以获得图形自身左右或上下部分的对称，也可以获得完整的图形与图形之间的对称。在折缝扎中巧妙利用平缝扎的简单方法，可以事半功倍地得到丰富的图形效果（图 2-16、图 2-17）。

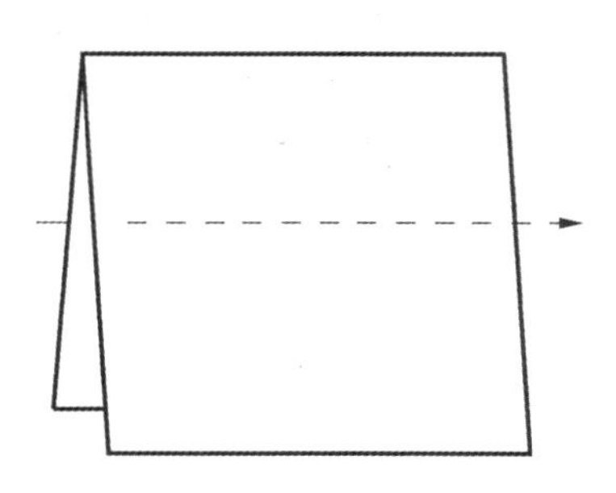

图 2–16　折缝扎的缝迹和织物折合示意

图 2–17　折缝扎的染色效果

（1）对折平缝。

对折平缝是先将织物对折然后沿折线平缝，缝线与织物的折线应保持相应的距离，缝后将缝线沿缝迹抽紧、扎牢。这样缝扎后的纹样效果参差如犬齿状。对折平缝可以是单缝迹平缝，也可以是双缝迹平缝。缝制中可以根据图形的需要，灵活地掌握缝迹与折线之间、缝迹与缝迹之间的距离（图2-18～图2-27）。

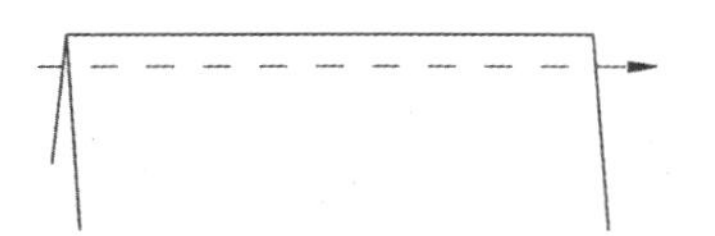
图 2-18　对折直线平缝的缝迹

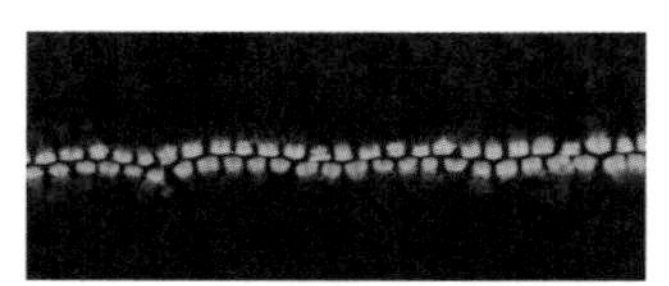
图 2-19　对折直线平缝的染色效果

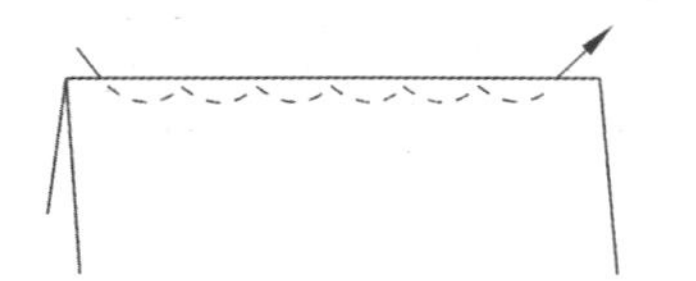
图 2-20　对折弧线平缝的缝迹

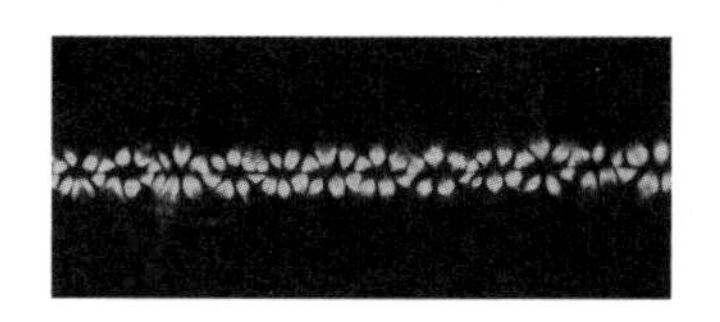
图 2-21　对折弧线平缝的染色效果

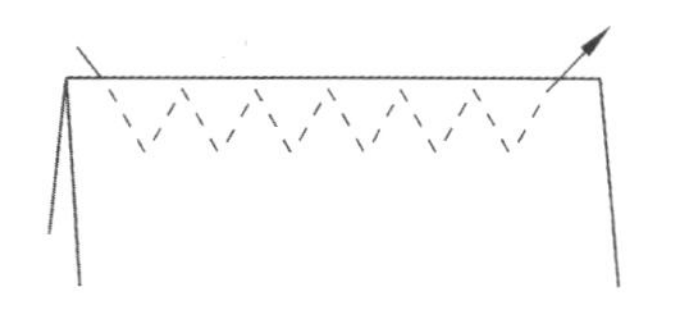
图 2-22　对折折线平缝的缝迹

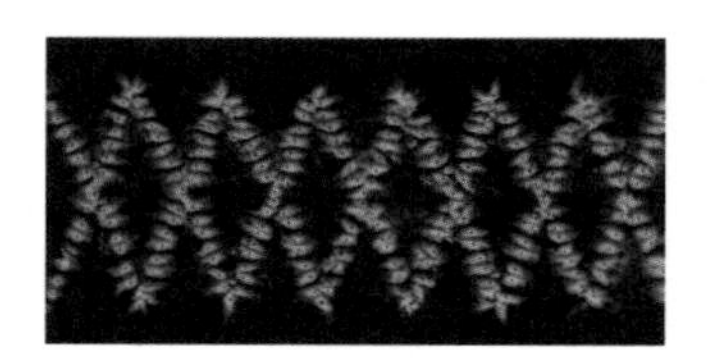
图 2-23　对折折线平缝的染色效果

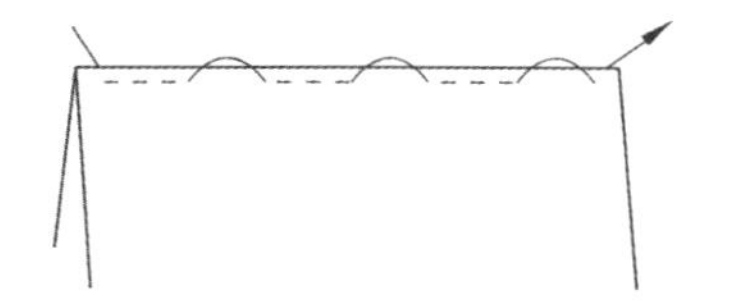
图 2-24　对折间断直线平缝的缝迹

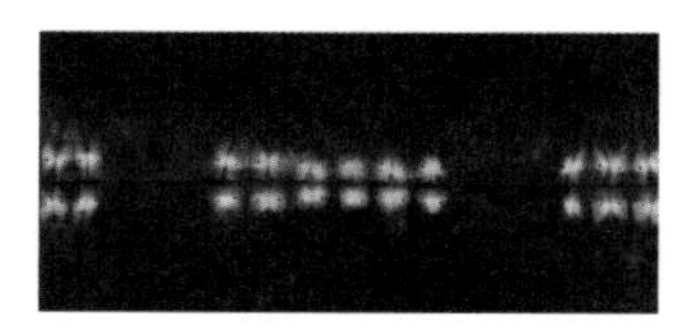
图 2-25　对折间断直线平缝的染色效果

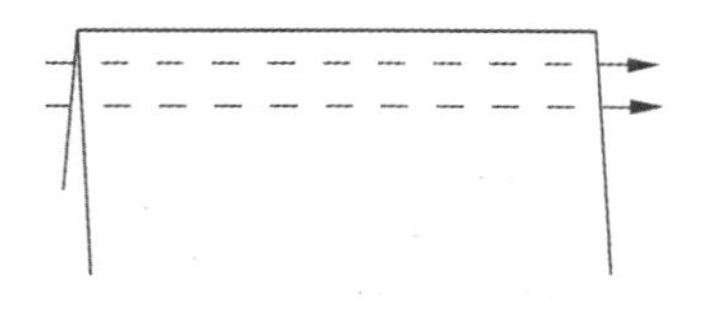
图 2-26　对折双线直线平缝的缝迹

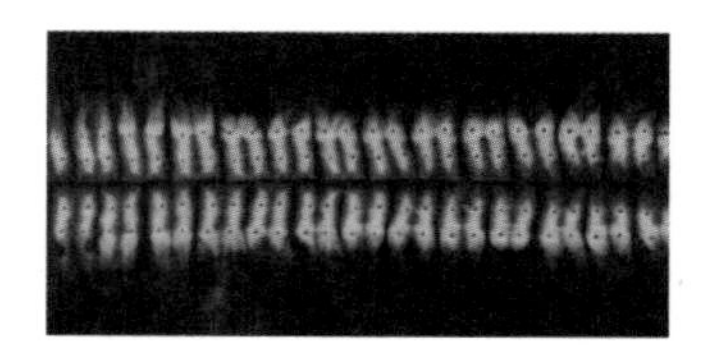
图 2-27　对折双线直线平缝的染色效果

（2）对折合缝。

对折合缝的扎结方法比较适用于完整对称的纹样。缝制前应按纹样的对称轴将织物对折，然后进行缝制，缝制后按缝迹将缝线抽紧、扎牢（图2-28～图2-33）。

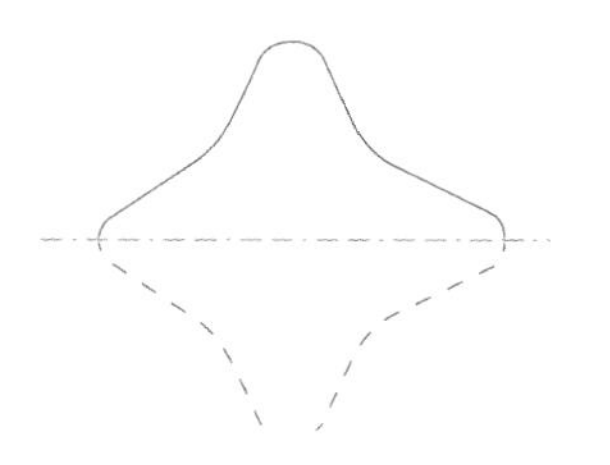

图 2-28　确立纹样的对称轴线

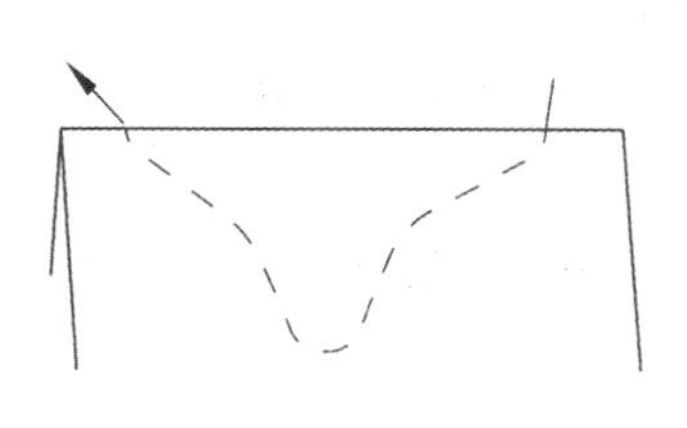

图 2-29　织物对折后沿缝迹平缝

图 2-30　对折合缝的染色效果

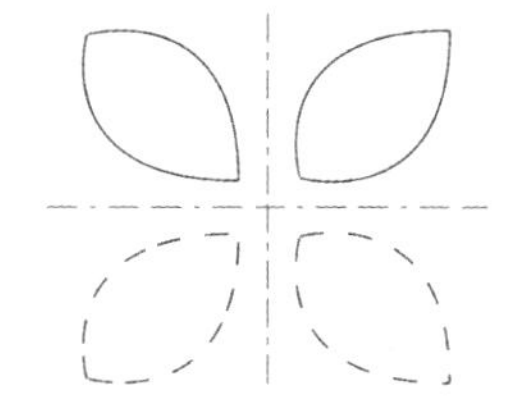

图 2-31　确立纹样的对称轴线

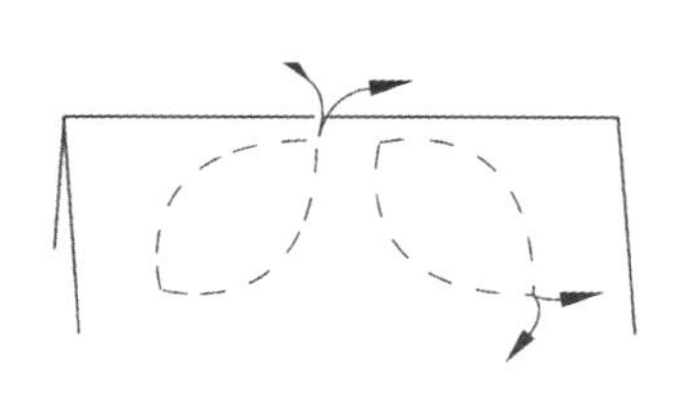

图 2-32　织物对折后沿缝迹平缝

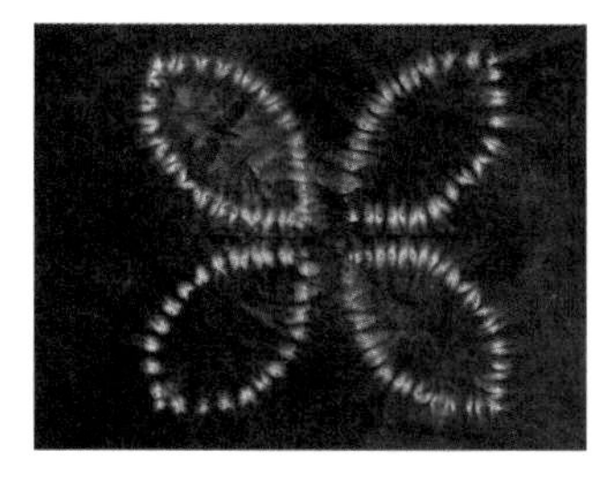

图 2-33　对折合缝的染色效果

（3）四折平缝。

四折平缝时要先将织物双对折并将两条折线对齐，在缝线与折线保持适当距离的状态下进行平缝。织物两个对折缝之间的距离应根据织物的薄厚控制在适当的范围之内。四折平缝可以是单线迹的平缝，也可以是双线迹的平缝，缝线的间距可以根据图形的需要进行设定（图 2-34 ～图 2-41）。

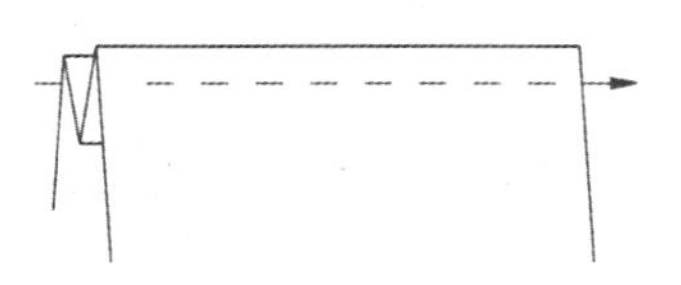

图 2-34　织物的折合方式与缝迹

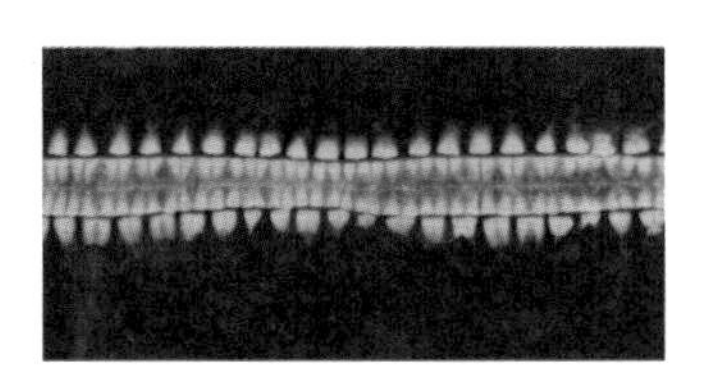

图 2-35　四折平缝的染色效果

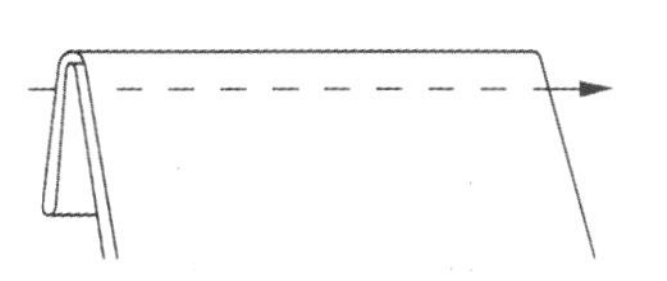

图 2-36　织物的折合方式与缝迹

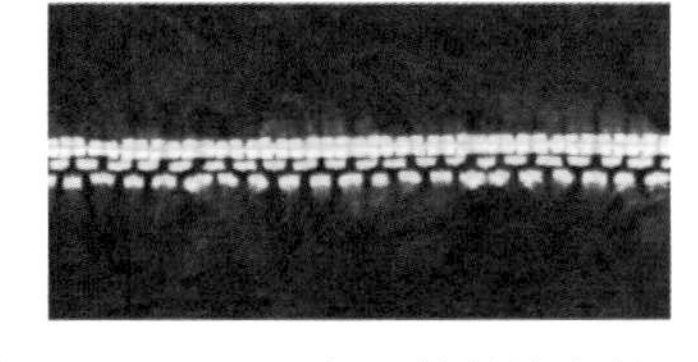

图 2-37　四折平缝的染色效果

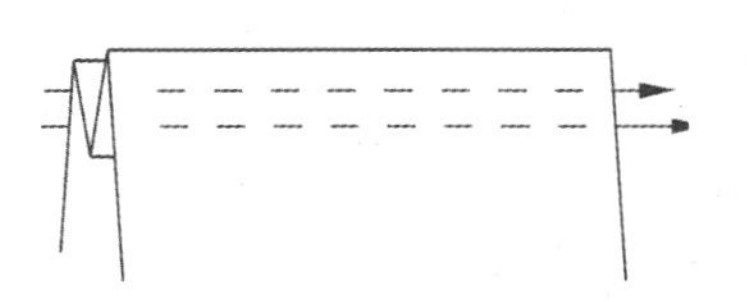

图 2-38　织物的折合方式与双缝迹

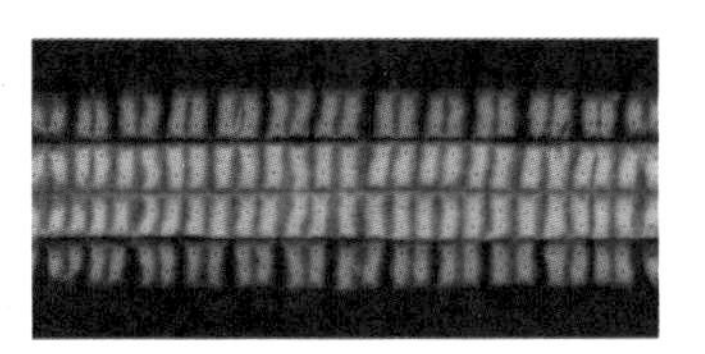

图 2-39　四折双缝的染色效果

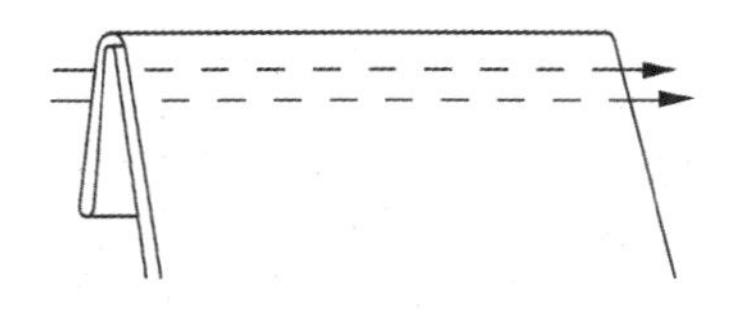

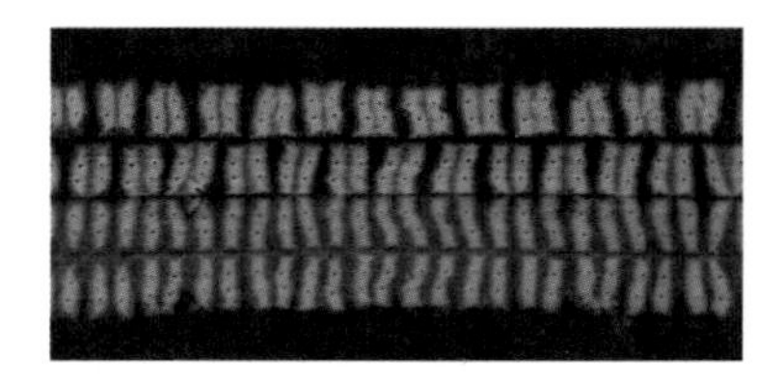

图 2-40　织物的折合方式与双缝迹　图 2-41　四折双缝的染色效果

3. 卷缝扎

卷缝扎是运用环针缝制的方法缝出所需要的图形，然后进行抽紧、扎牢的方法。这种方法可以在单层的织物上面进行，也可以将织物折合后进行；可以依据具体的图形进行缝制，也可以不受具体图形的限制相对轻松地进行缝制。对于针距的把握，可以根据所需要的图形效果控制针距的疏密。需要注意的是采用卷缝扎的方法时，由于针线与织物在缝制过程中形成的特殊关系，应一面缝制一面沿缝迹抽紧。

使用卷缝扎染出的图形相对清晰、实在。特别是对较为具体的图形进行卷缝，就可以得到相对硬朗的染色效果和相对清晰的图形形状（图 2-42、图 2-43）。

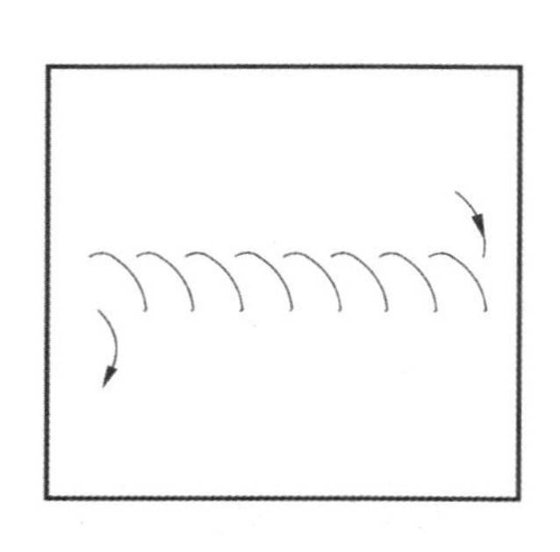

图 2-42　卷缝扎的缝迹示意

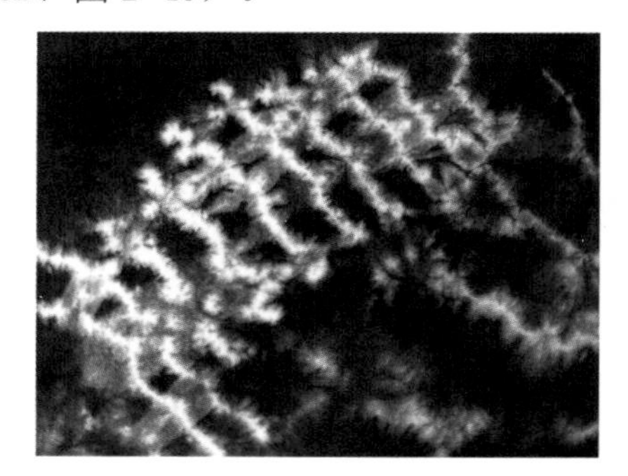

图 2-43　卷缝扎的染色效果

（1）单层卷缝（图 2-44 ～图 2-47）。

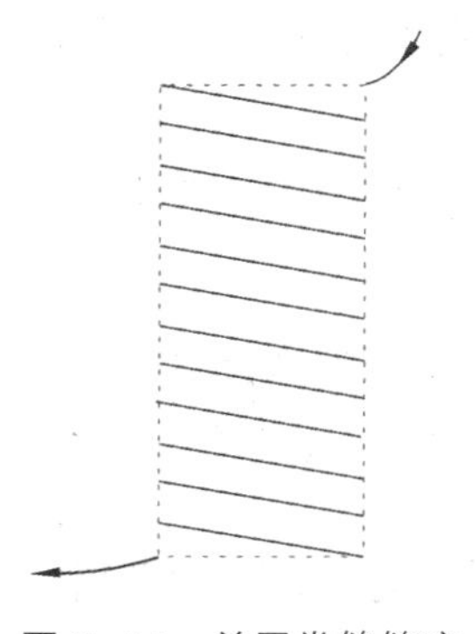

图 2-44　单层卷缝缝迹

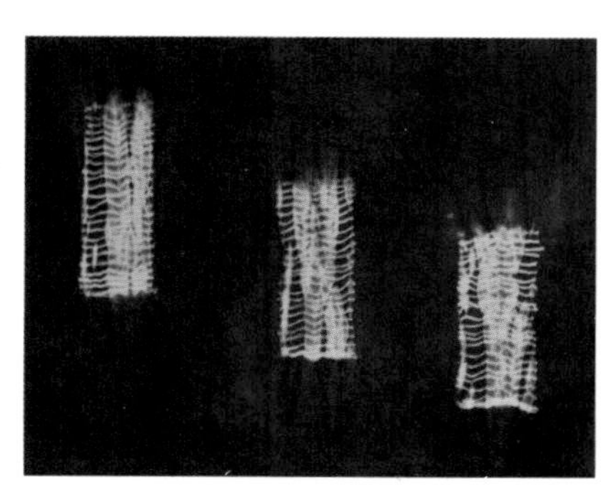

图 2-45　单层卷缝染色后效果

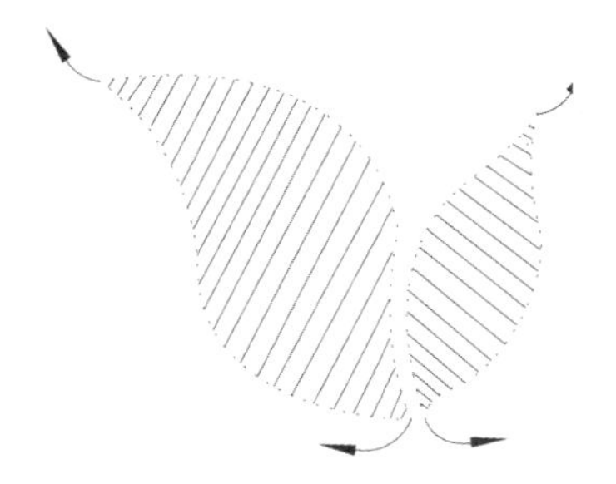

图 2-46　单层卷缝缝迹

图 2-47　单层卷缝的染色效果

（2）对折卷缝。

对折卷缝时要先将织物对折，用环针缝的针法沿折线卷缝，然后沿缝迹将织物抽紧、扎牢。卷缝时所采用的针距大小应该根据图形的需要相应地调整，还应该结合选用染料的渗透性能来确定针距的大小。如果需要的图形效果显得紧凑、坚实，则针距的把握应该相对密集，反之则针距可以较大。如果染料的渗透能力相对较大，针距则应相对小、密，反之针距应较大、疏。一般情况下，对折卷缝的针距应该掌握在 10mm 左右（图 2-48、图 2-49）。

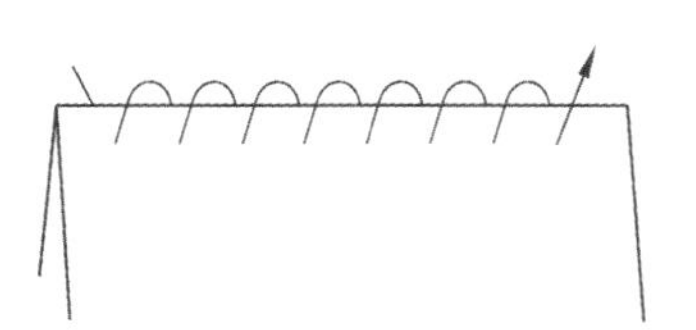

图 2-48　对折卷缝缝迹

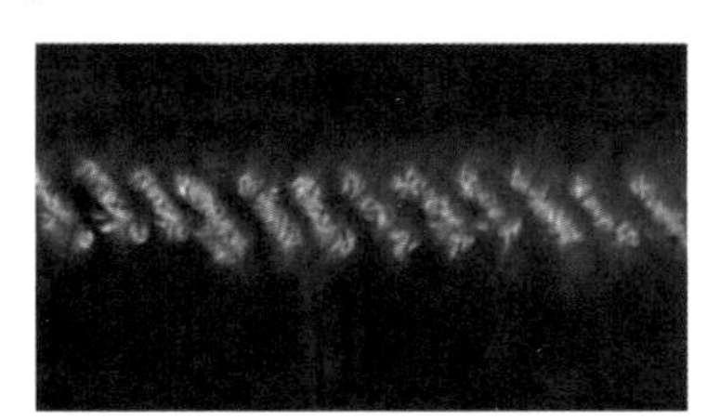

图 2-49　对折卷缝的染色效果

（3）多折卷缝。

多折卷缝要先将织物双对折或者多折，再利用环针缝的针法沿折线进行缝制，然后沿缝迹抽紧、扎牢。多折卷缝的针距一般不得小于 12mm（图 2-50、图 2-51）。

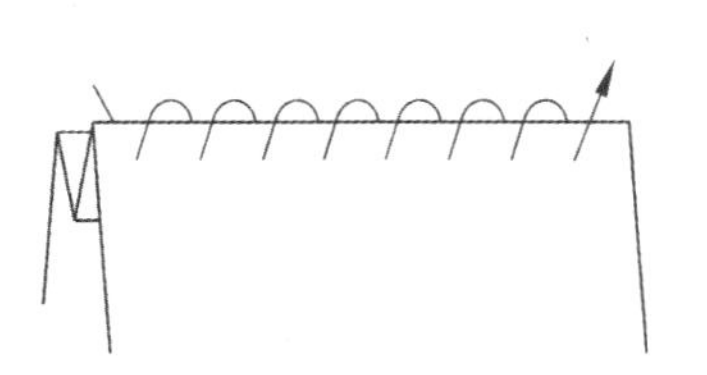

图 2-50　多折卷缝缝迹

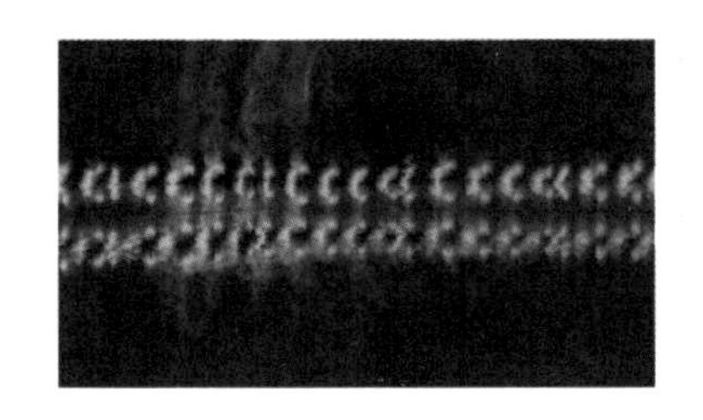

图 2-51　多折卷缝的染色效果

4. 根缝扎

根缝扎是利用平针缝的方式。首先要依据构思描绘出所需图形的轮廓，然后用平缝针法沿图形轮廓缝制，并依据缝迹将织物抽紧后进行扎结。扎结的方法有根缝根扎、根缝半扎、根缝全扎，根缝扎的染色效果取决于扎结的部位。染色后的图形面貌可以是线性的形态，也可以是带有面状特征的图形。在采用根缝扎方法扎结对称形式的图形时，也可以结合对折平缝的扎结方法使用。同时，可以利用这种扎结方法自身的线性特征和面性特征，与其他的扎结方法结合使用从而达到完美、协调的纹样效果（图 2-52、图 2-53）。

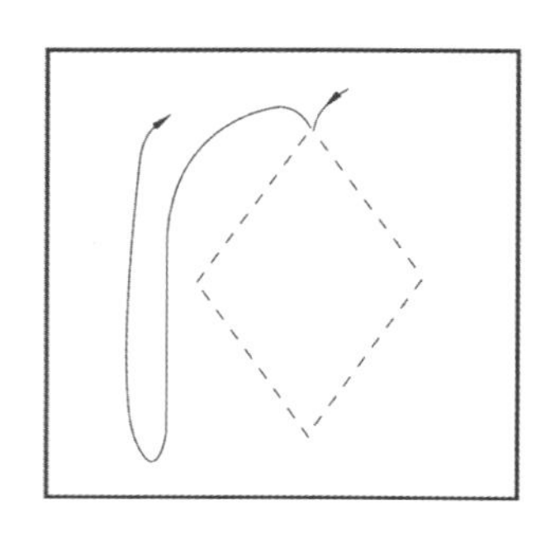

图 2-52　根扎的缝迹示意

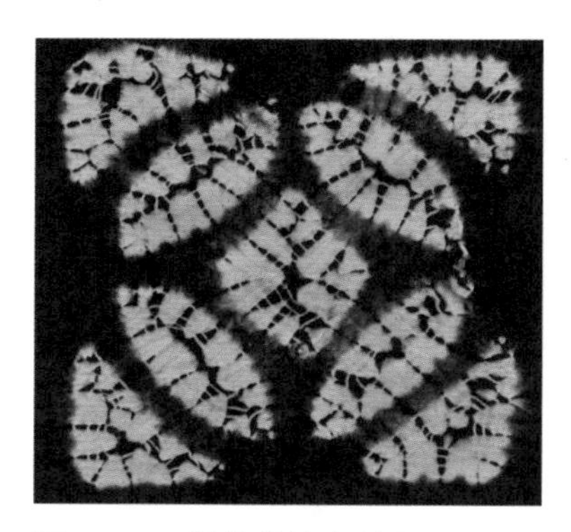

图 2-53　根扎的染色效果

（1）根缝根扎。

根缝根扎时先用平针缝的方法缝出图形，然后沿缝迹将织物抽紧，这时不要将缝线剪断，继续利用这根缝线剩余的部分沿抽紧后的缝迹缠绕三至四圈并用力扎牢后打结（图 2-54 ～图 2-56）。

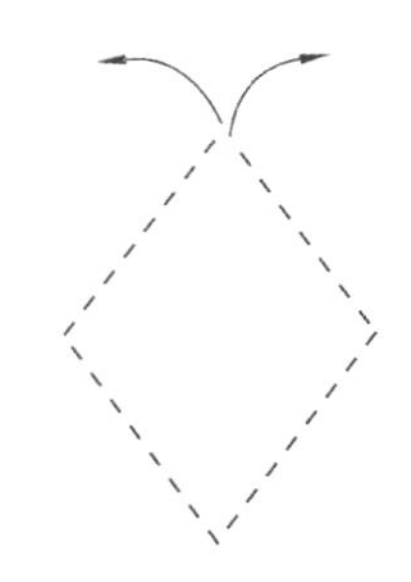

图 2-54　根扎的图形缝迹

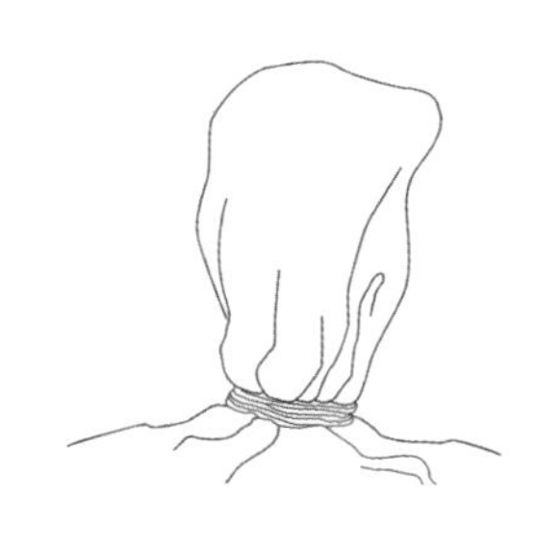

图 2-55　织物的扎结状态

图 2-56　根缝根扎的染色效果

（2）根缝半扎。

根缝半扎的前期的操作方法与根缝根扎一样，在完成根缝根扎的同样步骤后，继续将缝线沿图形部分的方向缠绕，在接近大致图形部分中部的位置缠绕三至四圈用力扎牢后打结（图 2-57 ～图 2-59）。

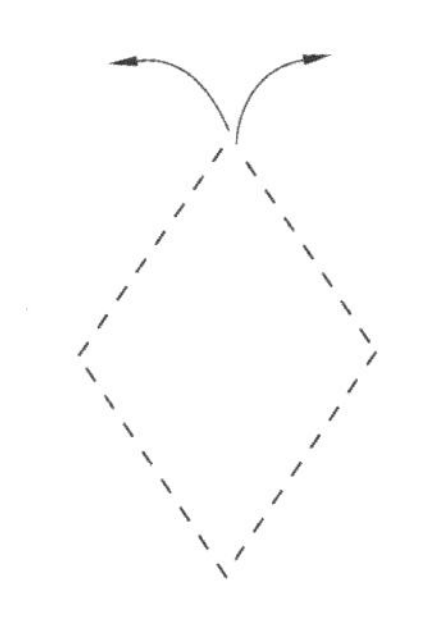

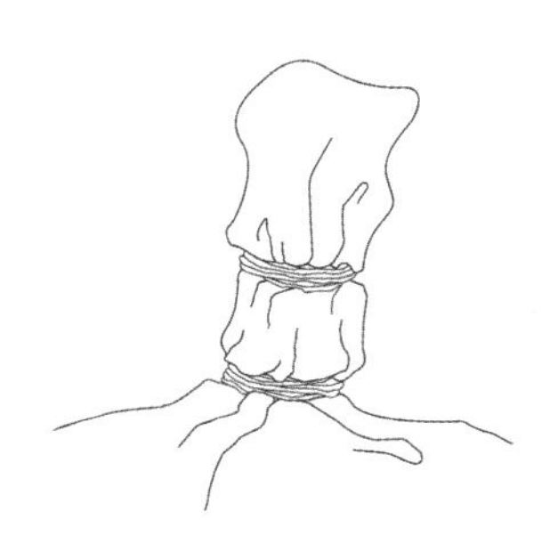

图 2-57　根扎的图形缝迹　图 2-58　织物的扎结状态　图 2-59　根缝半扎的染色效果

（3）根缝全扎。

根缝全扎与根缝根扎、根缝半扎的缝制、扎结原理相同。在根缝半扎的基础上继续环绕已经扎结的图形部分进行缠绕，直至图形部分的顶端然后扎牢、打结（图 2-60 ～图 2-62）。

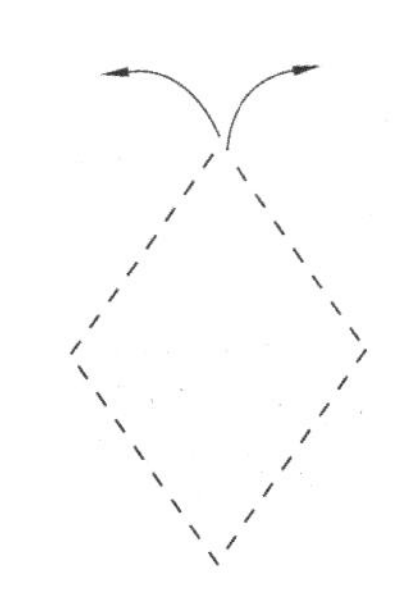

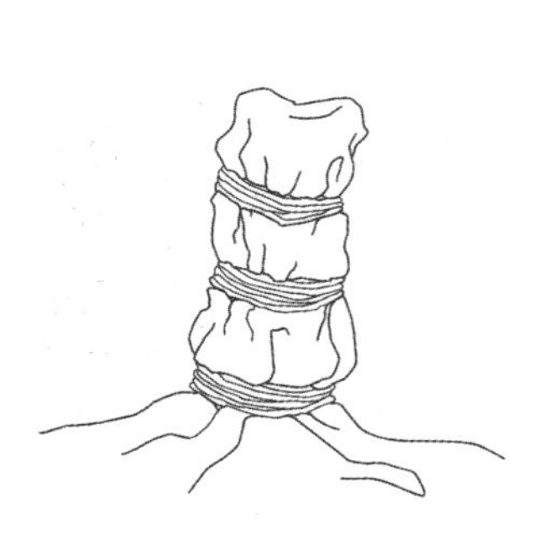

图 2-60　根扎的图形缝迹　图 2-61　织物的扎结状态　图 2-62　根缝全扎的染色效果

5. 叠缝扎

叠缝扎的方法有很多，叠缝扎的关键是先将织物以不同的方式折叠后，再结合不同的缝制方法进行扎结。在使用叠缝扎的方法时可以采用平缝针法，也可以采用环缝针法或其他针法来完成不同的缝制步骤。不同的织物折叠方式加之不同的缝针方法，通过染色就可以得到不同效果的图形。

利用叠缝扎的特点可以派生出很多不同叠、缝并置的扎法，下面仅以格子纹扎和蝴蝶纹扎为例加以说明。

（1）格子纹扎。

格子纹扎首先将织物以“Z”字形状态折叠至 6 ～ 8 层，并在折叠后的织物上按 20°、45° 或 60° 的角度描绘出连续的等腰三角形的图形，再沿着图形采用平缝针法进行缝制，最后沿缝迹将织物抽紧、扎牢。在使用格子纹的扎结方法时，要注意染色前对扎结的织物进行必要的整理，这样才能更好地确保织物可以得到均匀的染色效果。

格子纹扎的纹样，可以根据构思任意地选择三角图形的合适角度，从而可以形成各种不同形状的规则格子。格子纹样自身可以形成独立的纹样，也可以结合其他的扎结方法共同使用，变化出多种多样的图形效果。（图 2-63 ～图 2-69）

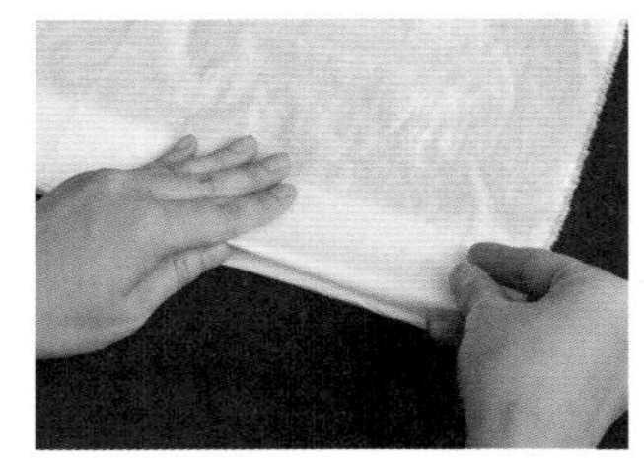

图 2-63　规则的折叠织物

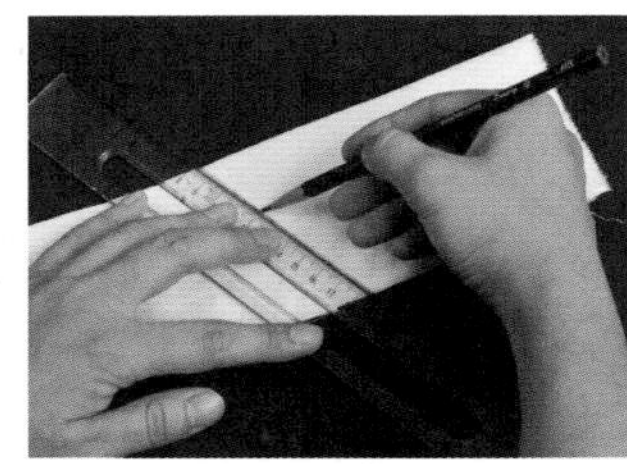

图 2-64　规划出格子的角度和形状

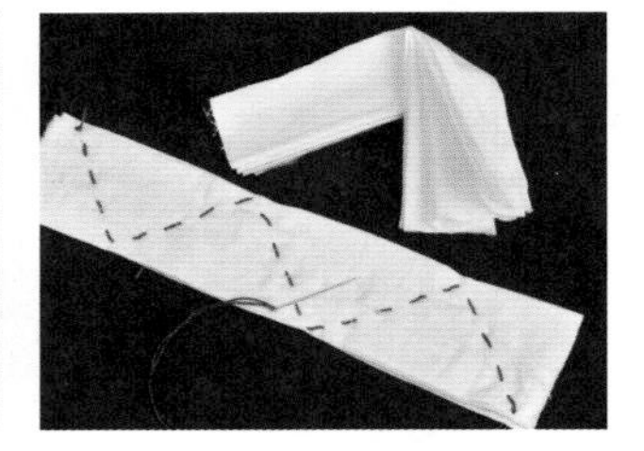

图 2-65　用平缝针法缝出轮廓

图 2-66　沿缝迹抽紧、扎牢

图 2-67　必要的染前整理

图 2-68　织物理想的染前状态

图 2-69　格子纹扎的染色效果

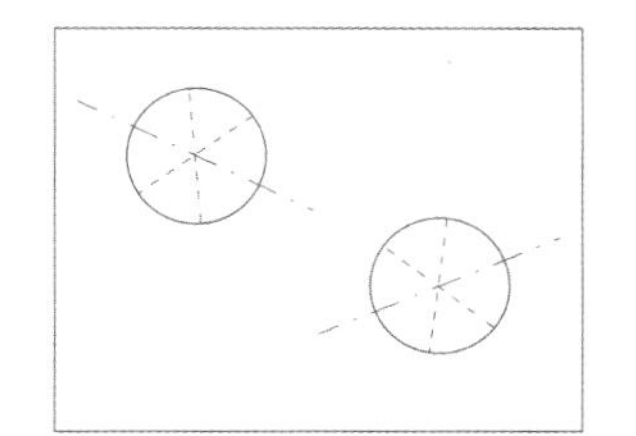

图 2-70　花位及折叠轨迹

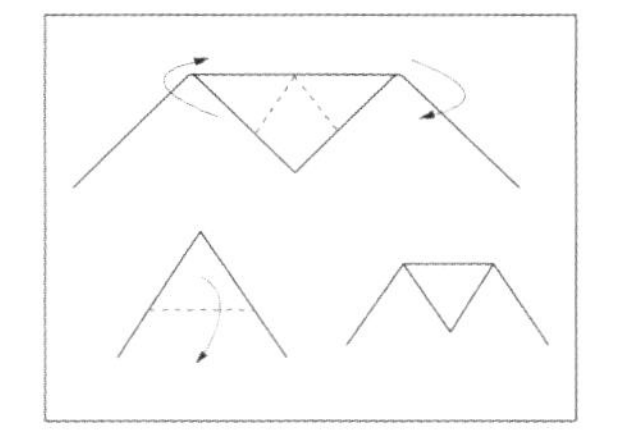

图 2-71　织物折叠方法和步骤

（2）蝴蝶纹扎。

蝴蝶纹扎是中国云南少数民族常用的一种扎结方法，纹样轻巧灵动、栩栩如生。蝴蝶纹的扎结方法是利用织物不同方向、不同角度的折叠，再结合环缝针法进行缝制，然后沿缝迹抽紧、扎牢。

采用蝴蝶纹扎的时候，首先要在织物上面确定图形的位置，并根据图形的方向确定织物折合的位置，然后沿折迹将织物对折。再以图形的中心点作为继续折合织物的依据将织物分别向前后折叠形成三角形。然后将织物折叠后的顶部继续向下折叠，从而完成织物折叠的所有步骤。最后，利用环针缝的方法在折叠后三角形的中间部位，用同一个针孔的位置，进行两周的缝制，再沿缝迹抽紧、扎牢。染色后便获得了栩栩如生、活泼可爱的蝴蝶纹样（图 2-70 ～图 2-80）。

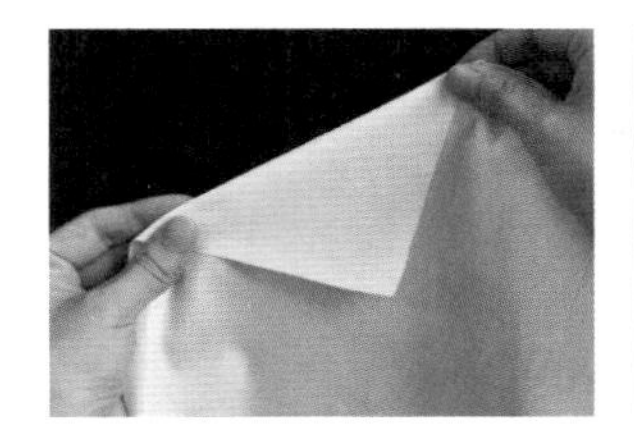

图 2-72　将织物沿花位折线对折

图 2-73　延心点继续将织物向正反方向对折

图 2-74　完成织物的扇形对折

图 2-75　将织物顶角向下折叠 2 cm 左右

图 2-76　用针线在三角形中间靠下部位穿透缝过

图 2-77　针线绕回，在同孔位继续穿透缝过

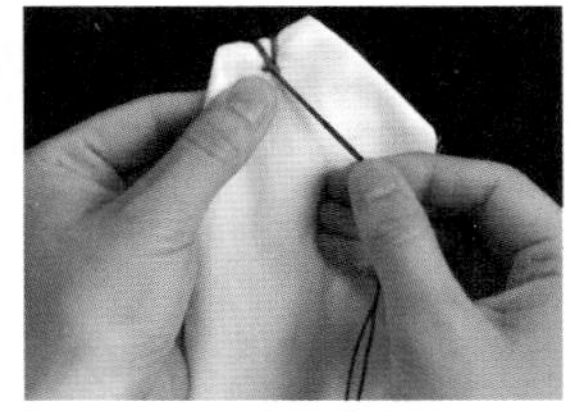

图 2-78　重复图 2-77 步骤

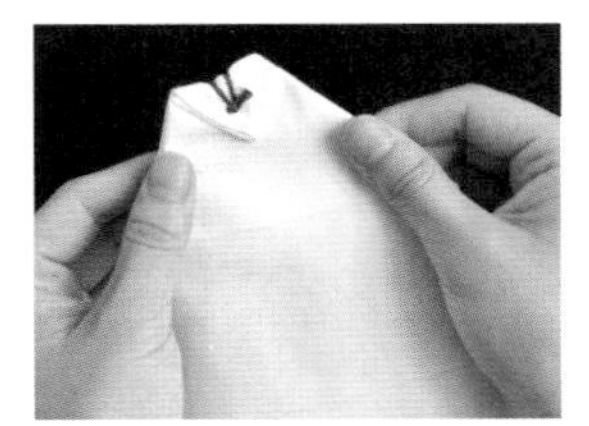

图 2-79　在原孔位抽紧打结

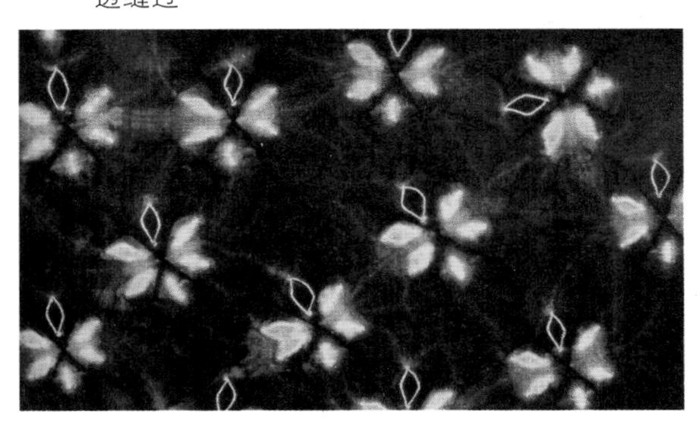

图 2-80　蝴蝶纹扎的染色效果

二、捆扎的扎结方法

捆扎类型的扎结方法是扎染扎结方法中的另一个类别。这个类别的扎结方法省去了针线缝制的过程，是直接通过对织物的搓、拧、捆、扎等，再结合绳线固定织物的扎结状态后，然后染色的方法。

捆扎的扎结方法操作相对简单，也相对轻松，染色后所形成的效果变化也较为丰富。使用这类扎结方法染制出的纹样特点是不受具体形状的限制与影响。往往显得更加丰富、洒脱、自然。这种扎结方法所获得的纹样风格，偶然的成分比较多，可以给人充分遐想的空间。但是，由于这种扎结方法变化较大，因此，更应该结合预期的染色效果选择使用。

在使用捆扎类的扎结方法时应该注意两点。一要注意织物在捆扎过程中与染色结果的对应，要时时对织物进行必要的整理，以免出现染色不均匀的结果。二要注意恰当地把握这一类扎结方法染色时间的长短。通常情况下，这一类扎结方法需要的染色时间相对较长，以免里层的织物得不到预期的染色程度，从而影响最后效果。

1. 石纹扎

石纹扎是首先将织物用清水浸湿或喷至半湿，然后平放。再顺次将织物折皱堆积成小山状，堆积的高度一般应该掌握在4～5cm。将织物紧密堆积后，再用绳线将织物从任意方向扎牢。

采用这种方法要尽量使织物自然折皱堆积的部分排列紧密，从而确保纹样变化的清晰。利用石纹扎方法的基本原理，可以有很多种不同的操作方式。例如，可以使用白色或带有底色的织物进行石纹扎的操作；也可以多次重复使用石纹扎法并结合单色染料进行染色；还可以通过重复使用石纹扎的方法，对织物进行多次多色的染色。另外，可以重复使用一次染色时使用过的绳线，继续扎结并进行二次不同色彩的染色，这样一次染色后遗留在绳线上的染料可以在二次染色过程中渗入织物，形成线条的纹样，达到丰富染色效果的目的。

采用石纹扎方法染出的纹样效果类似于石头的纹理，且纹样效果变化丰富、虚实有致、聚散自然。尤其利用石纹扎的方法重复扎结织物、重复染色，所获得的纹样效果更显得变化神秘、肌理浑厚（图2-81～图2-86）。

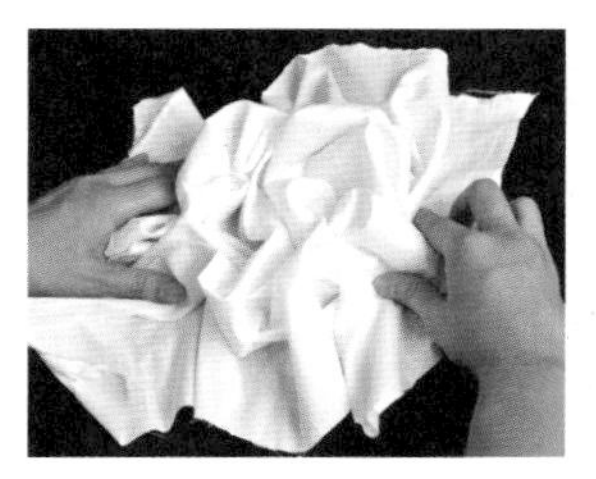
图 2-81　将织物顺次折皱堆积

图 2-82　堆积的织物如小山状

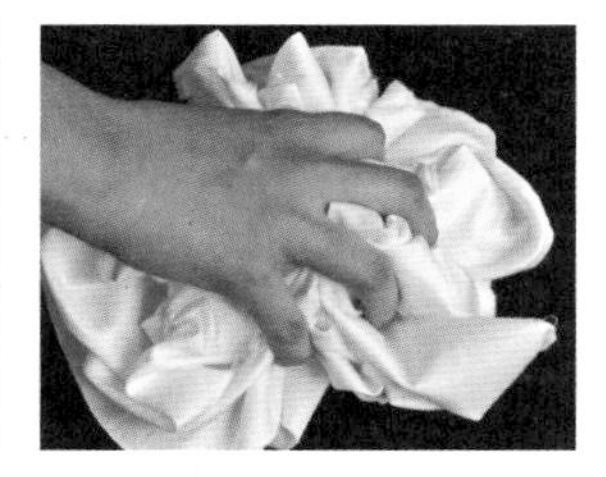
图 2-83　固定织物的堆积状态

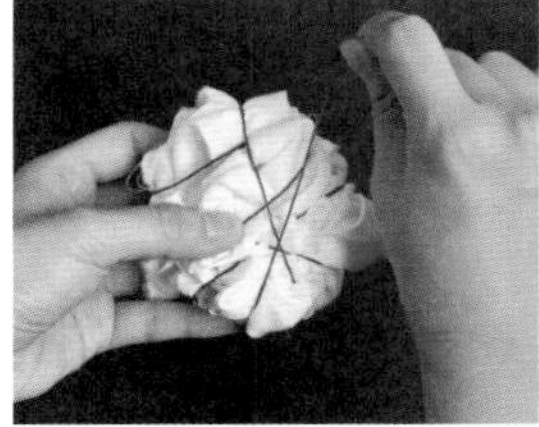
图 2-84　用绳线任意方向扎结

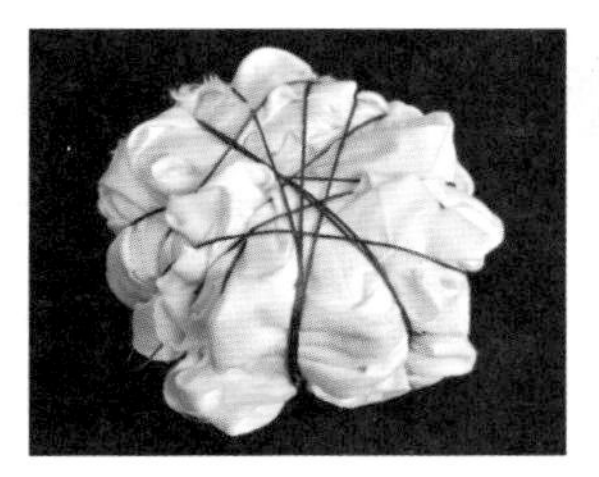
图 2-85　待染色的织物状态

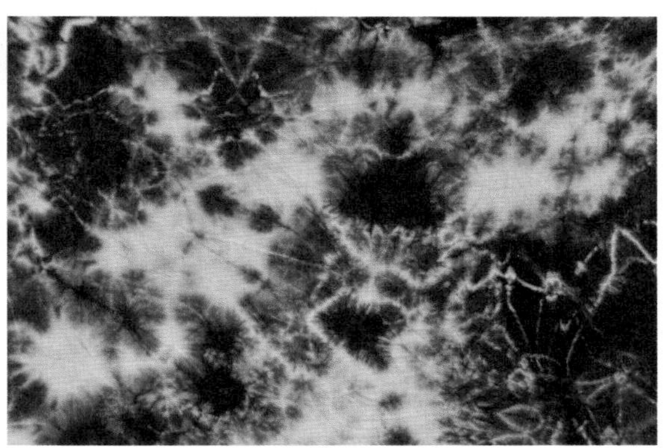
图 2-86　石纹扎的染色效果

2. 卷扎

卷扎是首先将织物平铺，然后根据纹样的位置将织物的局部垂直拎起，再根据纹样的大小将织物分段环形缠绕，然后扎牢。卷扎的方法相对简单随意、便于操作，省去了针线缝制的步骤。卷扎方法所获得的纹样效果，几乎是扎染织物中最多见的纹样效果。

卷扎的纹样特点基本为规则的或不规则的圆形，也可以是其他形状。错落有致的卷扎纹样活泼可爱、古朴自然、简洁明快，卷扎的纹样可以作为单一的元素构成丰富的纹样，也可以与其他的扎结方法同时使用，形成丰富的纹样变化（图 2-87 ～图 2-90）。

图 2-87　将织物垂直自然拎起

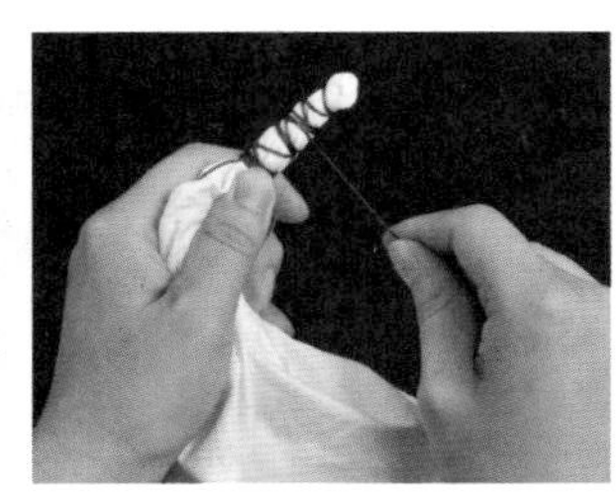
图 2-88　将织物分段环形缠绕

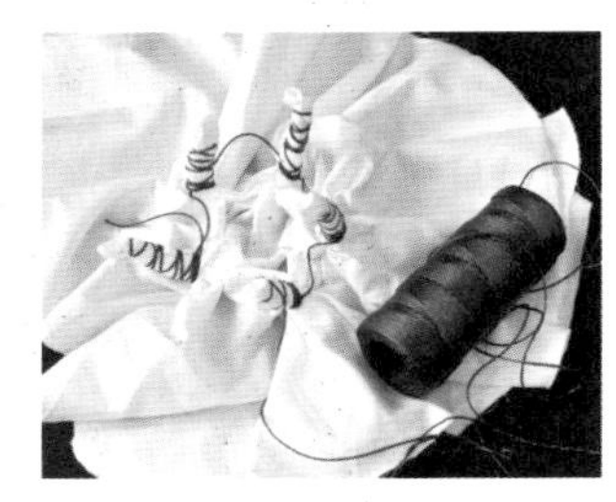
图 2-89　形成的扎结后形态

图 2–90 卷扎的染色效果

3. 鹿纹扎

鹿纹扎是首先要根据构思的需要，在织物上标画出图形的大小和位置，然后在图形中心点位置将织物揪起并用绳子环形缠绕 2 ～ 3 圈，然后扎牢。鹿纹扎可以用一根绳子将每个小的点状图形串联扎牢。扎结后的织物形如结子。鹿纹扎的扎结方法类似于卷扎方法，但染色后形成的纹样体量相对较小，防白的部分没有更多的变化，相对整齐。

鹿纹扎的纹样特点是由一个个排列规则的小圆形或近似圆形的图形组成，其特点类似鹿身体上的花纹，十分自然、活泼（图 2–91 ～ 2–94）。

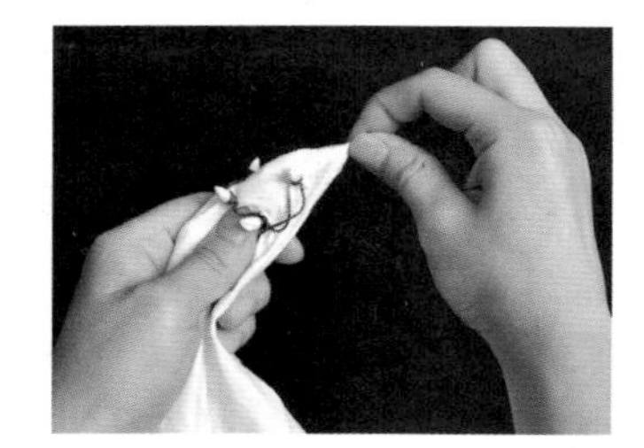

图 2–91 将织物中心点揪起

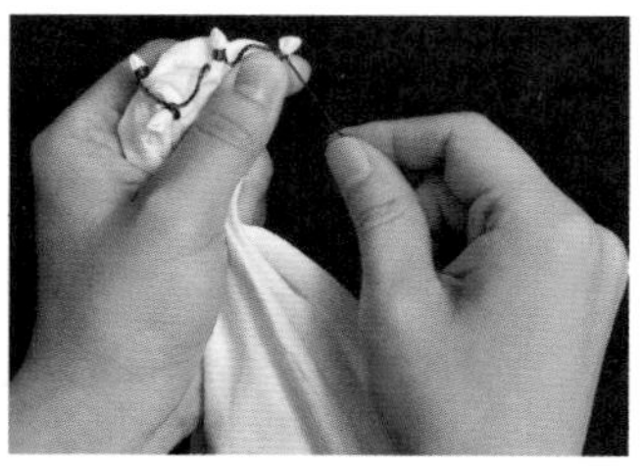

图 2–92 逐一环绕扎牢打结

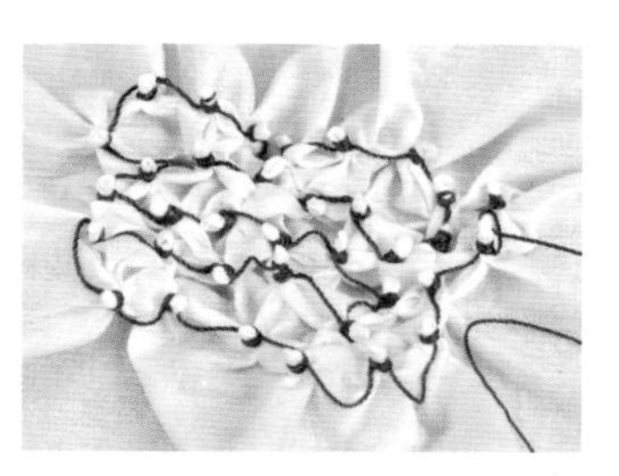

图 2–93 染色前的织物状态

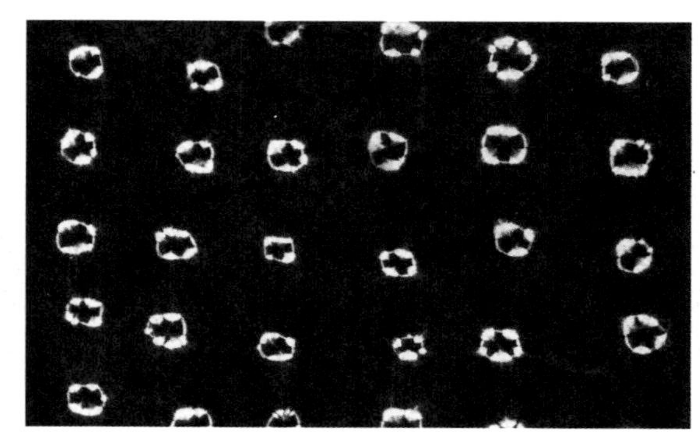

图 2–94 鹿纹扎的染色效果

4. 抑扎

抑扎是指首先将织物单向顺序松散地叠皱，并将叠皱后织物的一端固定住，再沿顺时针或逆时针的方向继续将织物拧紧，然后用绳线把织物自始至尾扎紧。或者，将织物拧皱拧紧后绕在其他物体上，再用绳线扎紧固定。采用抑扎的扎结方法，可以进行单次的染色，也可以重复抑扎的扎结方法，重复地进行染色，从而形成多色抑扎的扎染织物。采用抑扎的方法对织物进行染色，要适当地延长染色时间。

使用抑扎方法形成的纹样特点，宛如年久树皮的机理。尤其结合比较厚的织物使用，其纹样更显苍劲有力、错落有别，十分有特点（图 2-95 ～图 2-100）。

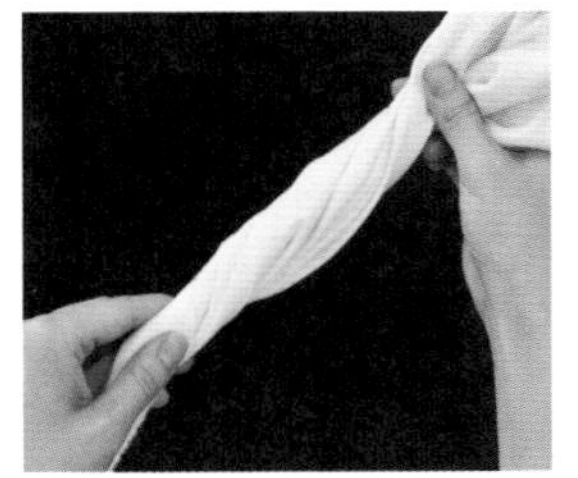

图 2-95　将织物拧皱

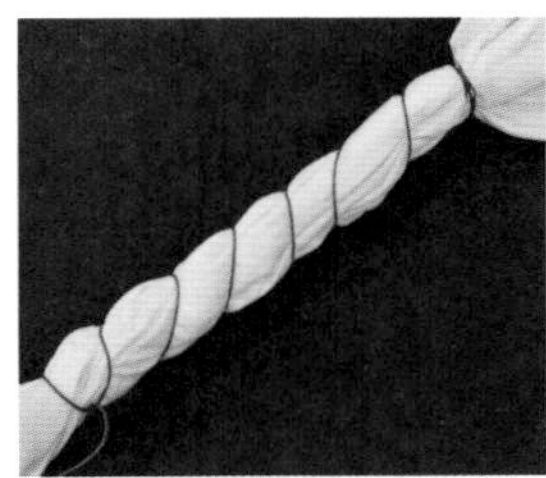

图 2-96　将拧紧的织物扎牢

图 2-97　可以结合其他物品固定拧紧的织物

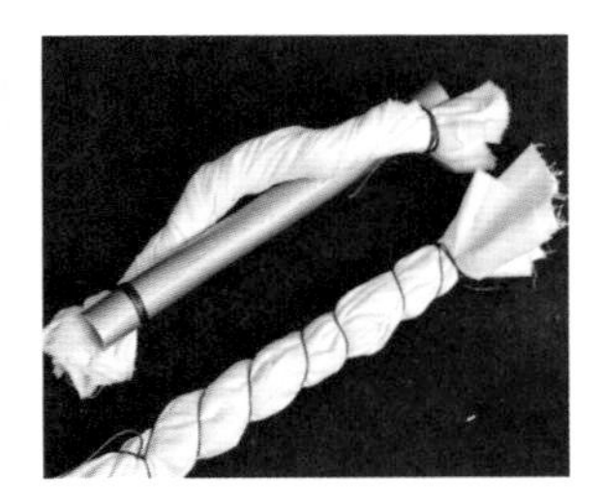

图 2-98　待染色的织物状态

图 2-99　抑扎的染色效果①

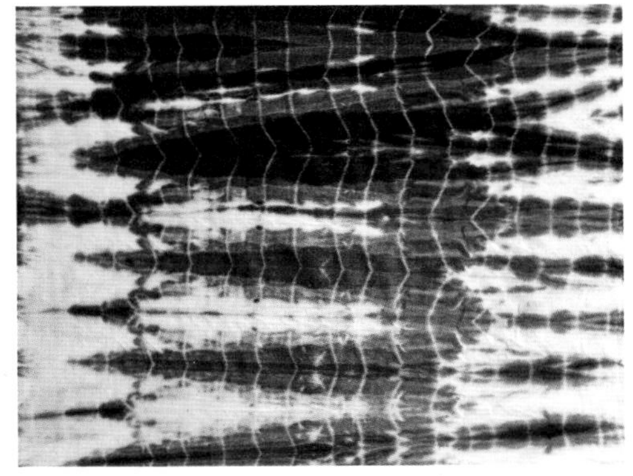

图 2-100　抑扎的染色效果②

三、利用道具的扎结方法

利用道具的扎结方法是指在扎结过程中采用不同的材料作为道具，结合绳线甚至其他工具对织物进行扎结。使用这类的扎结方法，可以选择的材料或工具范围非常广泛。例如，生活中的用具、工具，身边用于其他事物的材料，只要可以起到防染作用的物品都可以用来尝试。在结合不同的扎结方法及染色工艺进行使用时，可以获得更多的意外效果。

1. 帽子扎

帽子扎是首先将需要缝扎纹样的织物部分缝制，按缝迹抽紧，然后利用干净的纸、布或者布条包在抽紧的织物表层。为了防止染料浸入，可以再在纸或布的外层包裹上一至两层塑料布，从而起到防染的作用。最后将织物用力扎牢进行染色。通常情况下，帽子扎的扎结方法可以结和其他的扎结方法同时使用。很多的扎结方法也可以在自身方法的基础之上，再次进行帽子扎的扎结处理，目的是保持纹样本身的洁白或洁净。

帽子扎的纹样特点带有明显的面状特征。可以是规则或不规则的形状，也可以是具象的形状。帽子扎的染色效果很容易在整体的染色效果中显得非常突出。这种扎结方法可以形成白色或有色的块面感效果。同时，由于其边缘的少量染料渗透效果，又可以与其他纹样的染色效果自然地的融合为一体（图 2-101 ～图 2-105）。

图 2-101　选择防染的材料

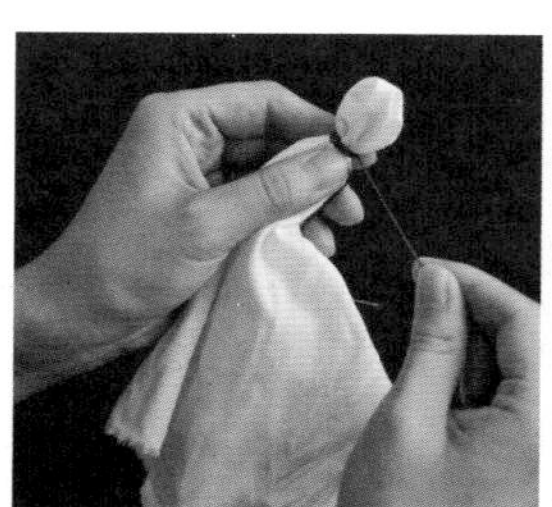

图 2-102　扎结好纹样

图 2-103　运用防染的材料将扎结的部分包裹

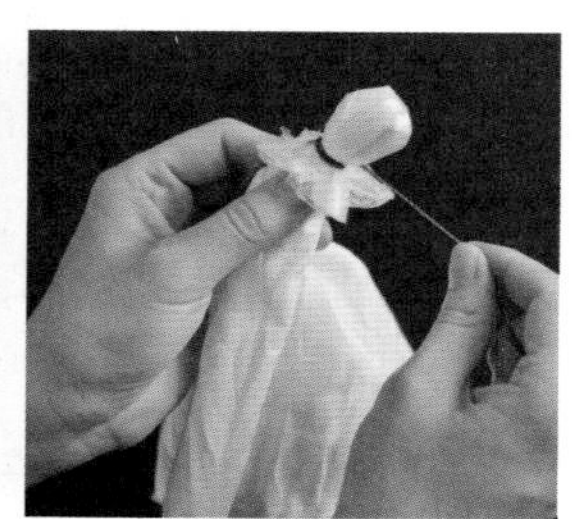

图 2-104　沿扎结的部分环绕扎牢

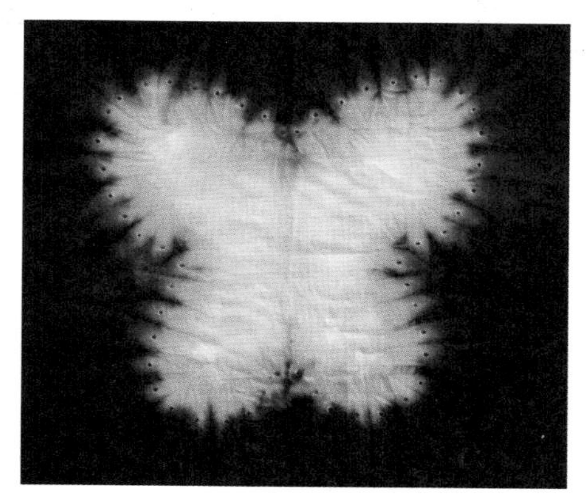

图 2-105　帽子扎的染色效果

2. 包物扎

包物扎是首先要在织物内包入圆形的弹珠、黄豆或其他形状的硬物，然后在包紧硬物的织物根部用较结实的线绳任意环绕扎牢。包物扎的道具可以有很多种，通常情况下宜于选择比较坚硬的材料。使用时要根据纹样的需要决定硬物的大小。硬物的具体形状也可以进行自由的选择，不同的硬物包扎，获得的染色效果也各有差异。

包物扎的纹样特点是可以呈现出均匀或不均匀的放射状图形。纹样的边缘也会在硬物的作用下，保留清晰、硬朗的痕迹，从而形成与其他部位虚实相应的视觉效果。采用包物扎方法时选择织物也很重要，织物的纹理越细腻，染色后的纹样变化就越细腻。包物扎的染色效果，往往会呈现出野菊花的形状，显得活泼、可爱（图 2-106 ～图 2-111）。

图 2–106　包物扎的材料

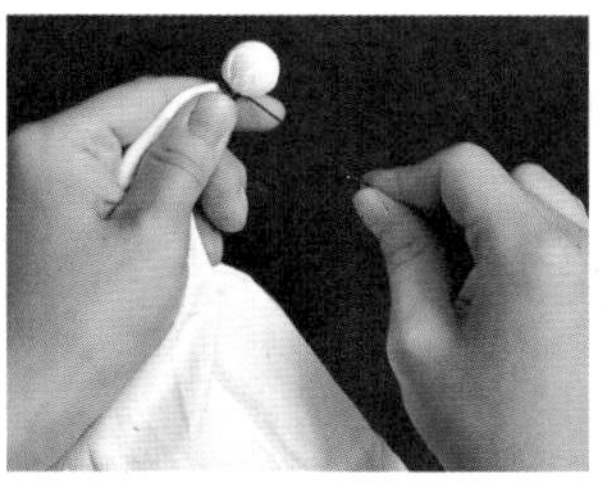

图 2–107　在织物的根部缠绕扎牢

图 2–108　待染色的织物形态

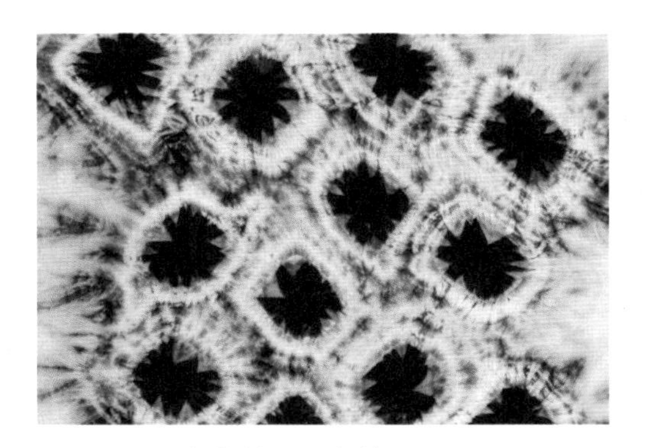

图 2–109　包物扎的染色效果

图 2–110　较小的硬物包扎后的织物状态

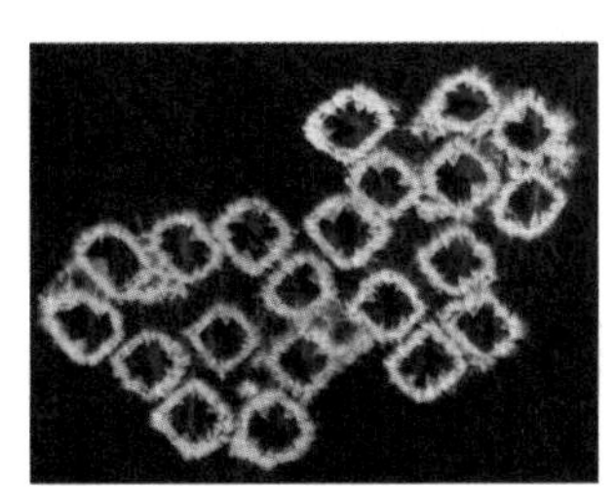

图 2–111　选择不同的硬物，染色效果也会不同

3. 波纹扎

波纹扎的方法需要借助辅助道具来完成。生活中常见的圆形材料都可以作为其辅助道具使用，小到筷子，大到 PVC 管材，都可以用于波纹扎的尝试。具体操作程序是首先将织物用水打潮、放平，然后将织物平整地层层缠绕在 PVC 管材表面，再用较细的线轻轻地分段缠绕，将织物固定。最后用双手将缠绕的织物向一个方向推搓，直至织物密集的起皱挤紧，然后进行染色。这种扎结方法在使用的时候，可以根据纹理大小的需要调节织物皱褶的密度以及圆形道具直径的大小。

波纹扎的染色效果充满动感，类似于水面被风吹起的涟漪，可以带给人舒适凉爽的感受。利用波纹扎的方法也很多，变换织物卷折缠绕的角度，增加不同次数的染色，都可以得到更多不同的染色效果（图 2-112 ～ 2-120）。

图 2-112　波纹扎的材料

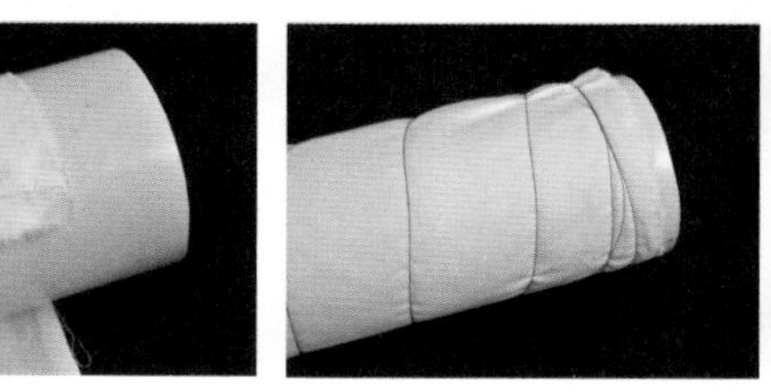

图 2-113　卷折织物

图 2-114　用线将卷好的织物固定

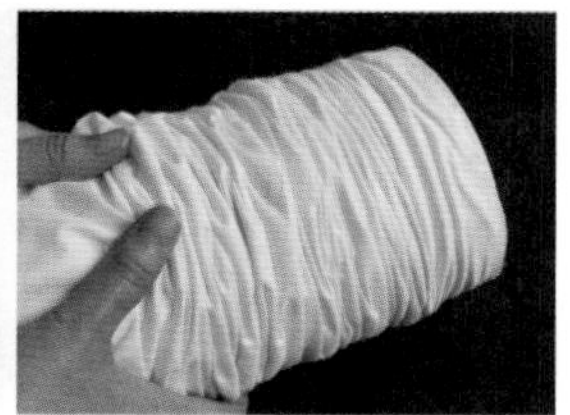

图 2-115　用双手推搓出织物纹理

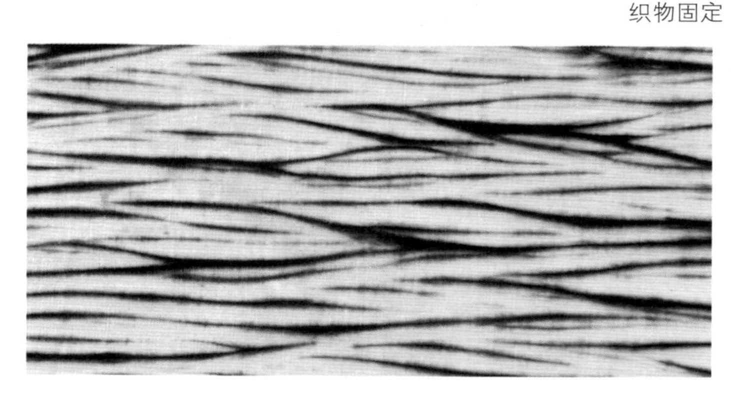

图 2-116　波纹扎的染色效果

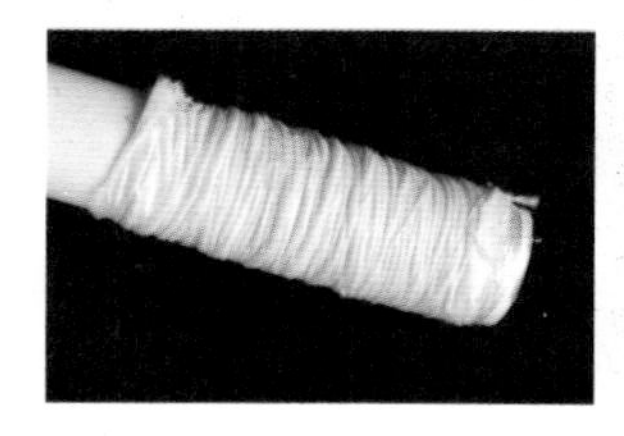

图 2-117　第一次扎结

图 2-118　第一次染色后变换织物的方向

图 2-119　重复第一次扎结的方法和过程

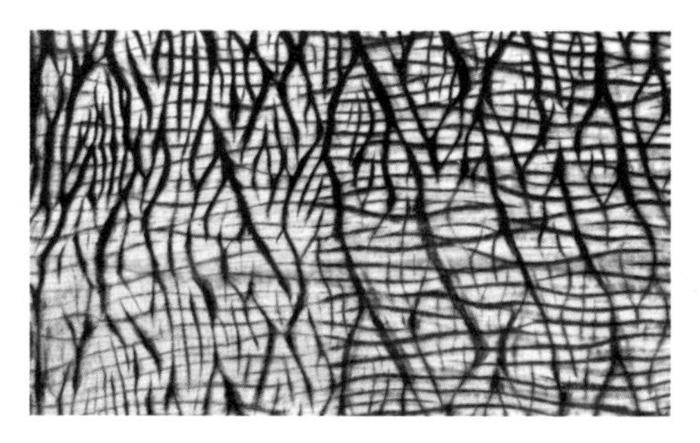

图 2-120　波纹扎二次扎结的染色效果

4. 夹板扎

夹板扎是首先将织物放平，然后根据纹样的需要将织物折叠成等边三角形或等腰三角形、正方形、长方形等，再用提前准备好的、不同形状的夹板对称地将织物夹紧，最后用绳子或其他工具将夹板和织物扎牢进行染色。夹板的取材非常方便，夹板的形状也可以是简单的几何形状，也可以事先按照纹样的需要制作具体形状的夹板。夹板的材料多种多样，只要可以在染色中起到防染作用的就可以使用。

夹板扎的纹样效果取决于夹板的形状，也取决于夹板与织物形成的不同角度，通常呈现面状的特征。尤其是使用没有具体形状的夹板时，可以通过对夹板位置、方向的调整来达到意想不到的染色效果（图 2-121 ～图 2-136）。

图 2-121　夹板扎的材料和工具

图 2-122　根据纹样折叠织物

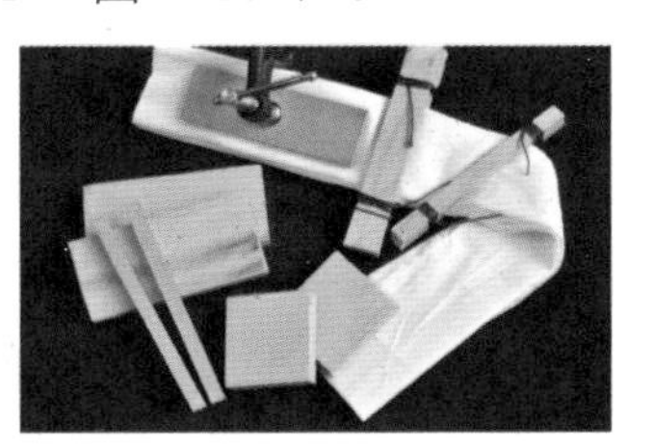

图 2-123　将夹板用绳线或工具扎牢

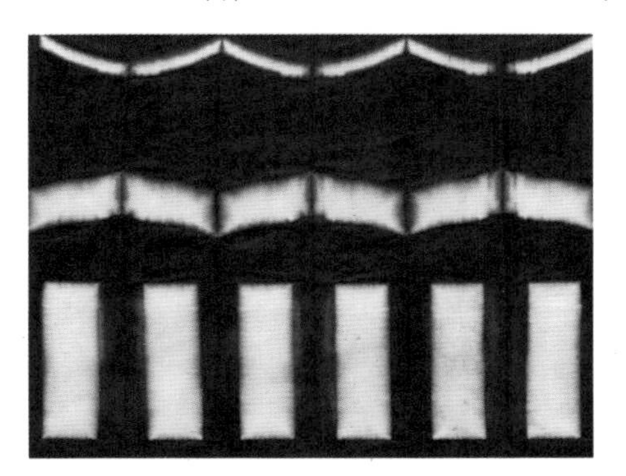

图 2-124　夹板扎的染色效果

图 2-125　将织物折叠成三角形

图 2-126　用夹板对称防挡织物

图 2-127　用工具将织物和夹板压紧固定

图 2-128　染色后的效果

图 2-129　将织物折叠成正方形

图 2-130　用夹板对称防挡织物

图 2-131　用工具将织物和夹板压紧固定

图 2-132　染色后的效果

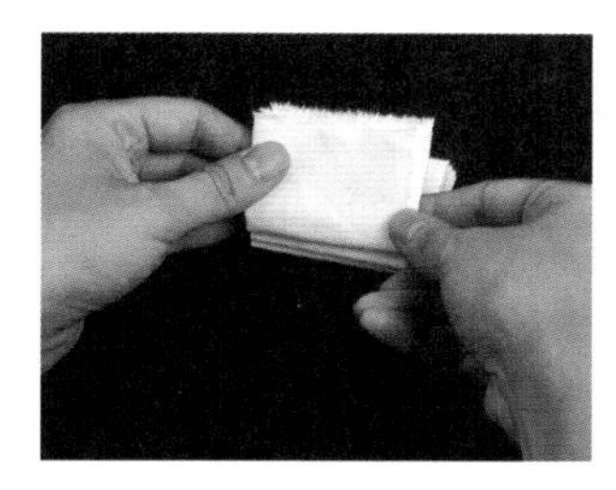
图 2–133　将织物折叠成长方形

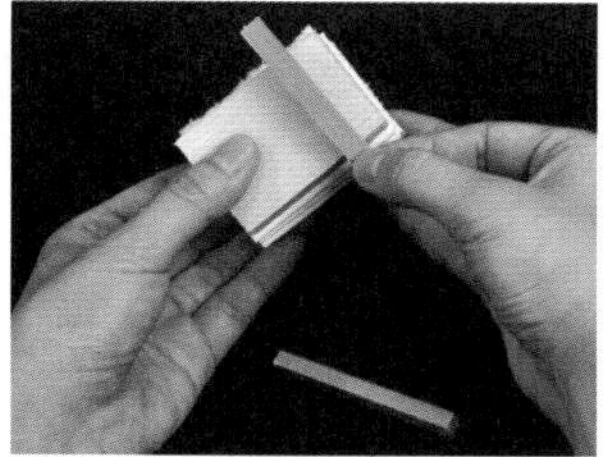
图 2–134　用夹板对称防挡织物

图 2–135　用绳线将织物和夹板压紧固定

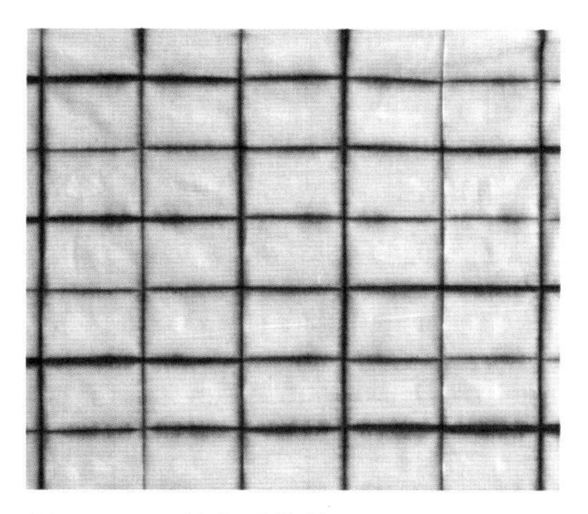
图 2–136　染色后的效果

在扎染工艺的染色过程中，不同的扎结方法与扎结形式都起着防止织物局部染色的作用，是呈现出不同纹样的关键。无论是织物自身对织物的遮挡，还是利用材料及道具对织物的遮挡，目的都是防止染料渗入，形成图形。对不同扎结方式的探求与尝试，会对扎染纹样的变化与丰富起到积极的作用。只要在创作中充分发挥想象力，并且根据不同的环境、不同的条件开拓不同的扎结工具、材料和方法，便能够创作出更多丰富多彩的扎染作品。

第二节　扎染纹样的组织与变化

由于扎染工艺的特殊性，扎染纹样的组织与变化有其自身的特点。

扎结方法是扎染纹样组织构成的关键，每一种扎结方法都可以理解成为不同的纹样或纹样表现样式。每一种扎结方法通过染色所获得的纹样，既可以视为纹样的元素，也可以视为完整的纹样形式。扎染纹样的组织与变化，不像用画笔直接地在纸面上绘制纹样那么直观。运用扎染工艺表现纹样时，需要了解一些简单的装饰手法和纹样构成常识，如重复、连续、排列、比例等。尝试着将扎结的优势、特点和纹样构成的基础知识巧妙地结合在一起。

在具体的扎结过程中，要充分考虑纹样的形成与扎结操作的可行性。每一个或每一组单元的扎结操作，都会影响到下一个或下一组单元的操作。熟练驾驭扎结的方法，对应最终的染色效果，合理地规避工艺本身的局限，也是扎染纹样组织变化过程中需要考虑和注意的问题。

扎染纹样的构成方法很多。可以依据具体的扎结方法选择纹样构成的形式，也可以依据不同的纹样构成形式选择相应的扎结方法。这两种方法都可以起到提升整体扎染织物染色效果的作用。例如，可以选择单一的扎结方法，通过重复使用构成纹样，营造不同的视觉效果；还可以综合选择多种扎结方法，通过合理的布局构成纹样。

一、扎染纹样构成的基本方法

1. 单一扎结方法的组织与变化

在扎染的创作实践中合理、恰当地利用不同的扎结方法，是组织好扎染纹样的关键。利用单一的扎结方法进行纹样的组织与构思，同样有很大的创作空间。通过单一扎结方法的重复运用、格律形式的运用、不同大小的比例运用以及不同组合重构形式的运用，都可以得到不同风格的整体纹样效果。这类扎染织物的纹样效果具备平面感，有着较强的视觉冲击力和图形装饰特点（图 2-137、图 2-138）。

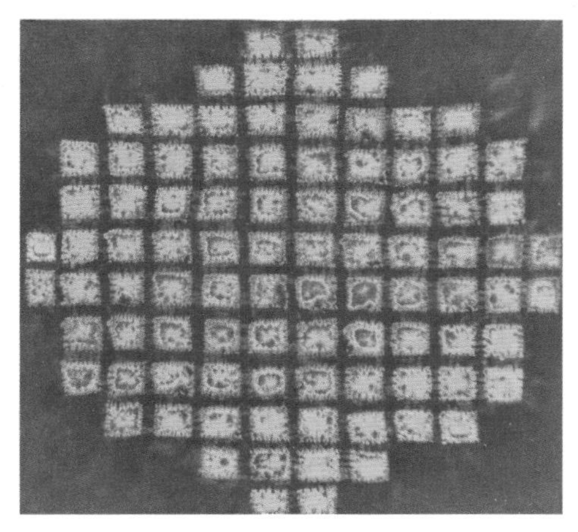

图 2-137　单一扎结方法构成的纹样①

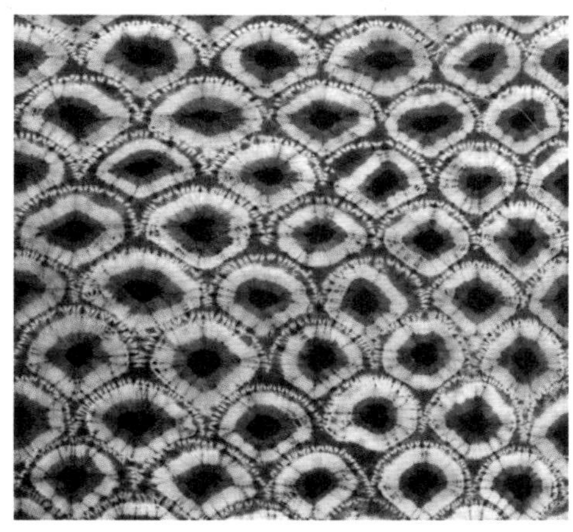

图 2-138　单一扎结方法构成的纹样②

2. 多种扎结方法的组合与变化

多种扎结方法的组合运用是较为常见的扎染纹样创作方法，更易于营造丰富的纹样效果。在选择不同扎结技法时，基于画面需求特点的基础上，对应画面中不同的物体形状及预期的染色效果选择和搭配适合的扎结方法。不同技法的组合、不同的组织形式、不同染色效果的组合，都可以使纹样产生丰富、自然的变化。合理使用不同的扎结技法，可以使纹样效果具备较强的层次感和空间感（图 2-139 ～图 2-141）。

图 2-139　多种扎结方法的组合

图 2-140　多种扎结技法构成的纹样①

图 2-141　多种扎结技法构成的纹样②

二、纹样构成的组织形式

学习扎染之初，适当地了解图案的简单构成形式及构成方法十分必要。目的是解决扎染纹样在创作中如何进行构成、完成连接及变化延展等问题，使不同扎结方法形成的简单图形与纹样构成形式有机地结合起来。

扎染工艺的特点决定了扎染纹样组织变化的特殊性。例如，图形的间距、纹样的大小、针距的疏密。什么样的纹样可以扎结，什么样的纹样无法实现等，都有别于常规的纹样表现。了解纹样的基本构成形式，目的在于可以更好地运用和变化纹样基本的构成形式，从而实现扎结方法（染色效果）和图案构成形式有机地、严谨地结合，达到最终理想的效果。

1. 单独纹样的构成形式

单独纹样的构成形式，是一种相对单纯的构成形式，是最简单和最基础的纹样表现形式，也是生活中应用最多、最广、最直接的纹样形式。在单独纹样形式中，又分为对称和均衡，适合等多种组织形式。构成方法简单，便于理解和掌握。同时，可以根据简单的构成原理，变化出丰富多彩千变万化的纹样构架。

单独纹样的构成形式是扎染作品中常见的纹样构成方法，这种纹样构成方法相对简单自由，不受拘束和限制，也不受专业知识背景的限制，比较适合扎染的工艺。同时，单独纹样也是其他更为复杂严谨的扎染纹样构成形式的基础和起点。当然，在扎染实践的运用过程中，要注意纹样外轮廓的相对完整和严谨，切忌散乱。

（1）均衡、对称纹样的构成骨架。

①均衡的单独纹样骨架。

均衡式单独纹样形式的特点是纹样的大小、位置、远近、疏密均不受对称轴或对称点的限制，结构相对自由，但追求纹样重心的稳定与左右或上下的平衡。均衡纹样穿插自如、形象舒展、活泼动感、主题突出。均衡纹样的用途也非常广，既可以单独使用也可以组合使用。以下的图示中，列举了两种不同的均衡单独纹样的构成骨架（图 2-142、图 2-143）。

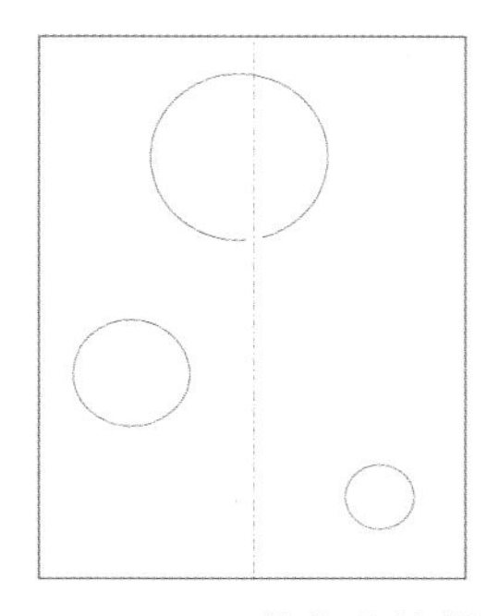

图 2-142　均衡的纹样骨架①

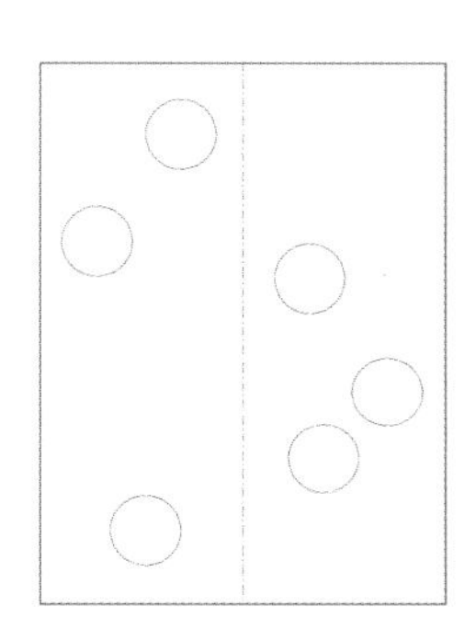

图 2-143　均衡的纹样骨架②

②对称的单独纹样骨架。

对称单独纹样形式的特点是以垂直或水平轴为基础，形成上下或左右完全一致的图形。对称单独纹样的构成形式非常丰富，包括绝对对称、相对对称、相背对称、旋转对称、交叉对称、向心对称、离心对称等。对称的纹样结构更为严谨稳重、整齐规则。运用好不同对称的形式，同样是构成扎染纹样的基础，可以演化出不同的纹样效果。以下的图示中，列举了两种不同的对称单独纹样构成骨架（图 2-144、图 2-145）。

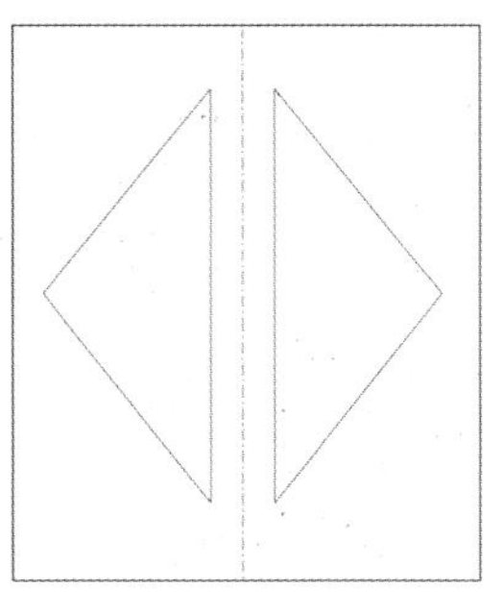

图 2-144　对称的纹样骨架①

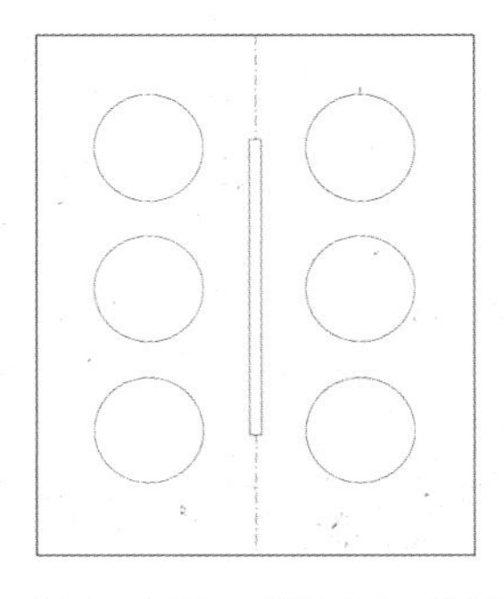

图 2-145　对称的纹样骨架②

（2）适合纹样的构成骨架。

适合纹样形式的特点是纹样的组织具备一定外形限制，常见的有圆形外形、方形外形、三角形外形、菱形外形等。纹样的组织变化在相应的外部轮廓形状之内展开，同时要与外部的轮廓形状有机地结合在一起。任何不同的外部轮廓，任何不同的纹样类别，都可以进行适合纹样的创作。将不同的纹样适应于不同的形状之中，也是一个既有趣又有挑战性的创作过程。

适合纹样的构成形式在扎染织物中也较为常见，尤其在传统扎染织物中更为常见。以下的图示中，列举了几种不同的适合纹样的构成骨架（图 2-146 ～图 2-151）。

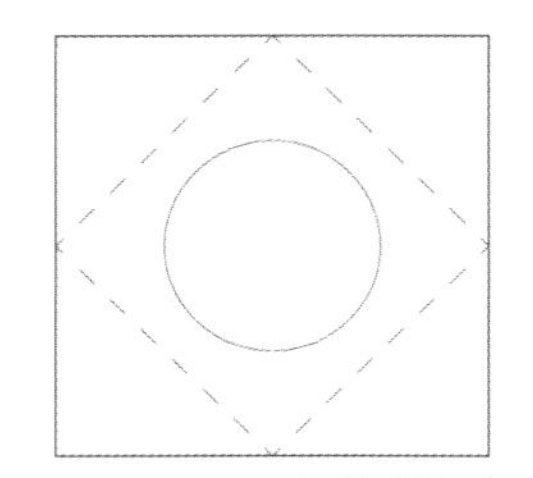
图 2-146　适合纹样骨架①

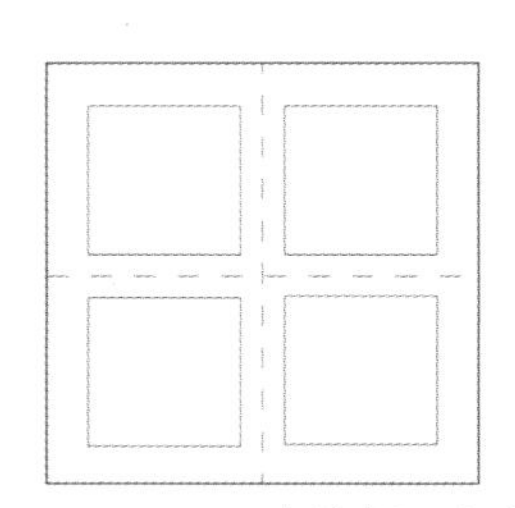
图 2-147　适合纹样骨架②

图 2-148　适合纹样骨架③

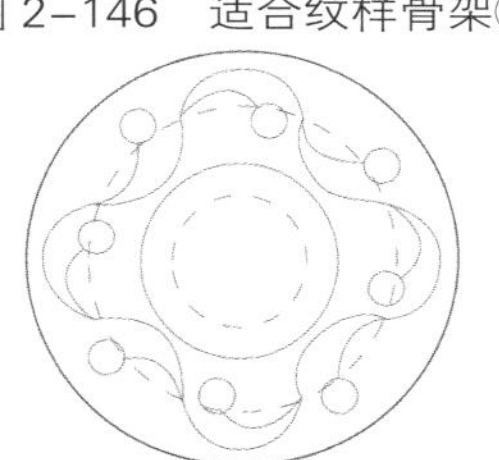
图 2-149　适合纹样骨架④

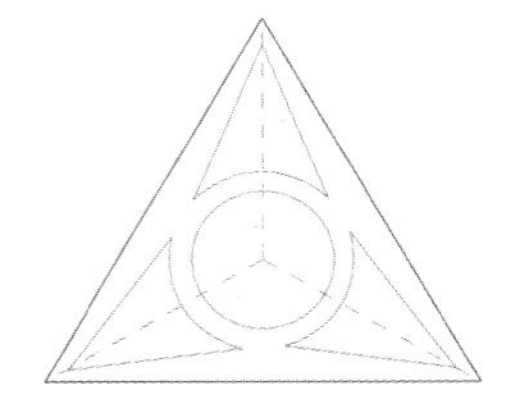
图 2-150　适合纹样骨架⑤

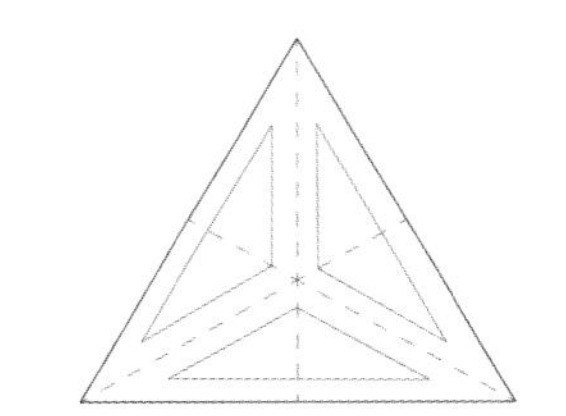
图 2-151　适合纹样骨架⑥

（3）单独纹样的效果示例（图 2-152 ～图 2-158）。

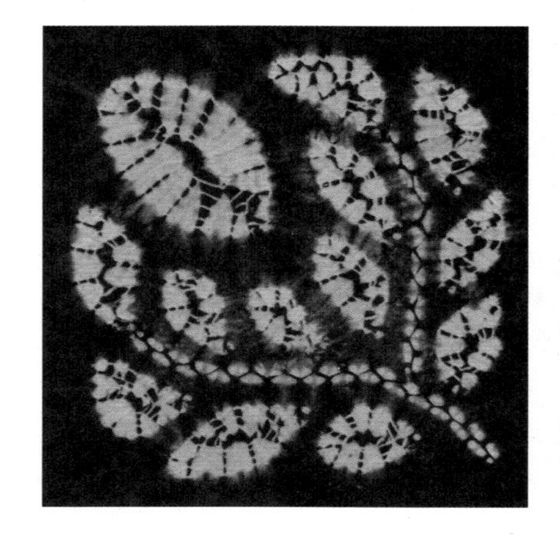
图 2-152　均衡的纹样效果①

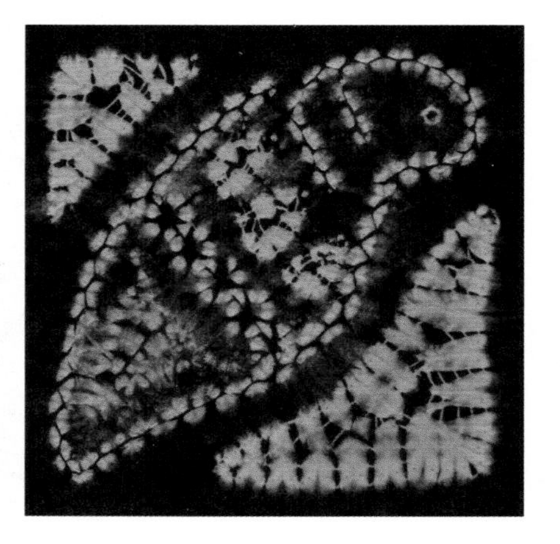
图 2-153　均衡的纹样效果②

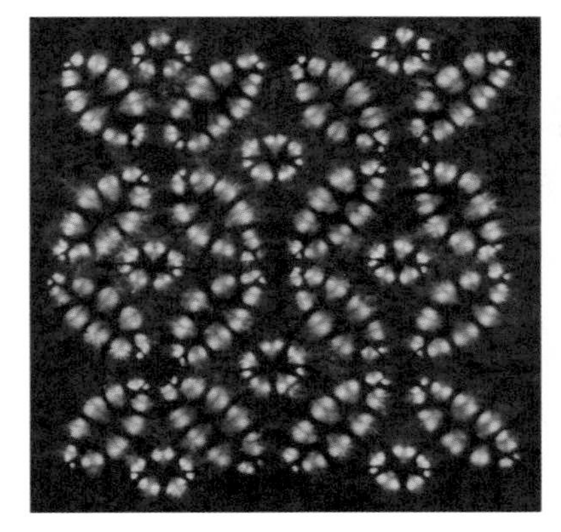

图 2–154　对称的纹样效果①

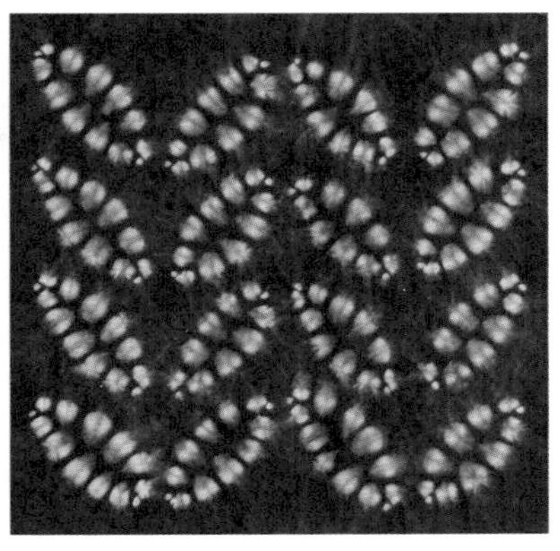

图 2–155　对称的纹样效果②

图 2–156　适合纹样的效果①

图 2–157　适合纹样的效果②

图 2–158　适合纹样的效果③

2. **纹样的基本连接方式**

纹样的延展和连续是纹样处理和表现过程中不可回避的问题。纹样连续的基本形式是将单独纹样或单位纹样按照一定的规律进行重复。纹样的连接方式有很多，其中最简单的纹样连接方式有二方连续方式和四方连续方式两种。这两种连接方式是利用规则重复的方法，使纹样形成上下或左右以及上下左右的连接。利用纹样不同的连接方式来拓展纹样的变化是纹样创作的基础，也是扎染纹样构成的重要手段。

（1）二方连续纹样的构成骨架及效果示例。

二方连续纹样是将一个单独纹样或单位纹样向上下或左右两个方向重复排列的连续形式。这种连续形式具备很强的节奏和韵律感。二方连续有横向和纵向两种形式，在扎染作品中常被运用于边饰和不同纹样的边缘部分。以下图示是几种不同形式的二方连续构成骨架（图 2-159 ～图 2-162）。

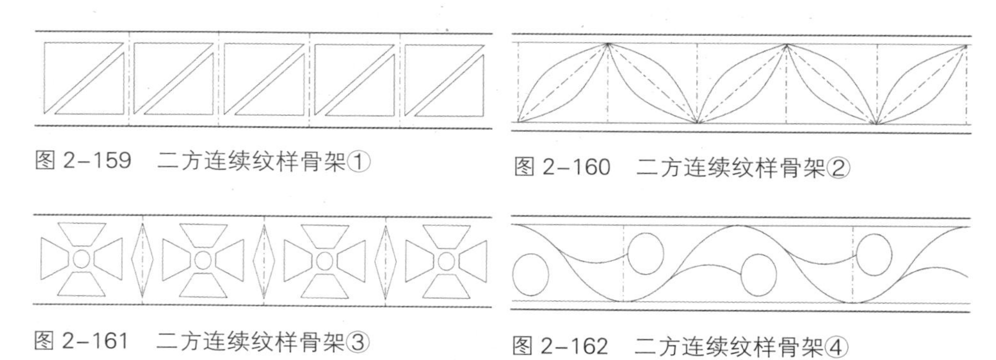

图 2-159　二方连续纹样骨架①

图 2-160　二方连续纹样骨架②

图 2-161　二方连续纹样骨架③

图 2-162　二方连续纹样骨架④

利用二方连续的纹样骨架，再结合不同的扎结方法，可以使纹样的效果既有规律、变化，又丰富自然（图 2-163、图 2-164）。

图 2-163　二方连续骨架的应用①

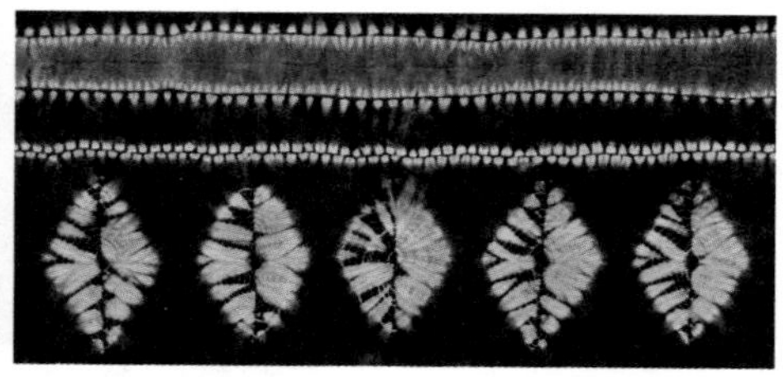

图 2-164　二方连续骨架的应用②

（2）四方连续纹样的构成骨架及效果示例。

四方连续纹样是将一个单独纹样或单位纹样，按照相同的距离和节奏向上下左右四个方向延伸的连接形式。通过重复的连接最终形成满布局的纹样效果（图 2-165、图 2-166）。

利用四方连续的纹样骨架，再巧妙地运用好扎结的方法，可以使纹样形成无限的连接与延续（图 2-167、图 2-168）。

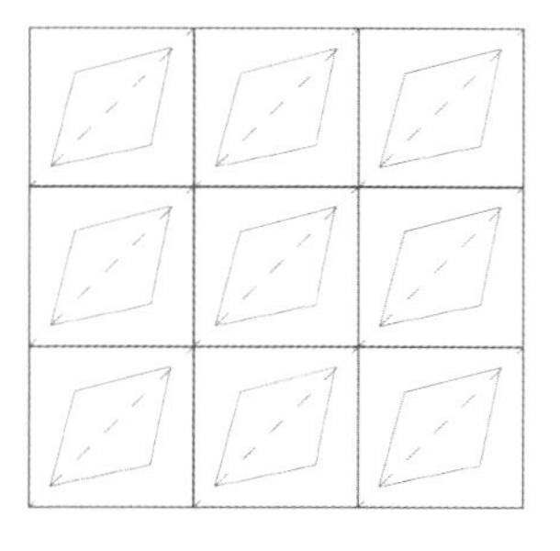

图 2-165　四方连续纹样骨架①

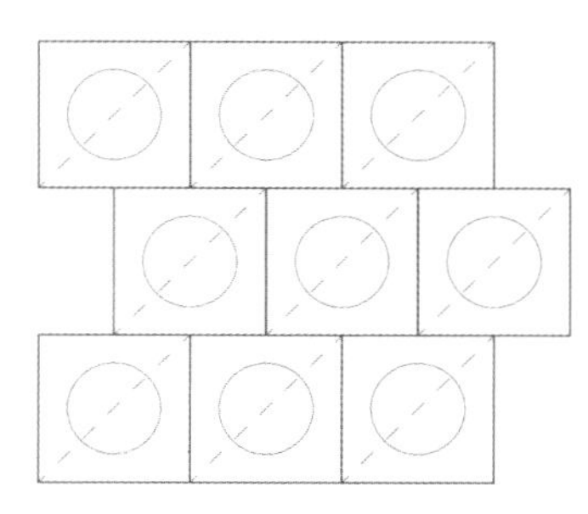

图 2-166　四方连续纹样骨架②

图 2-167　四方连续纹样形式的应用

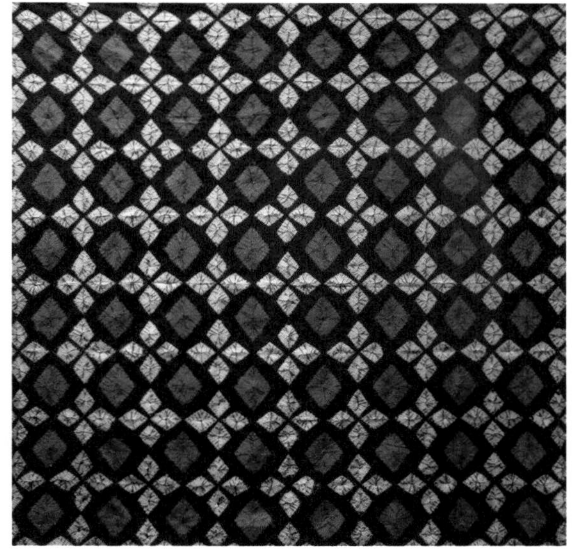

图 2-168　四方连续的扎染纹样效果

思考题：

1．扎染纹样与扎结方法之间有什么关系？

2．扎染中最重要的操作环节是哪一步？

3．试述不同扎结方法的分类与特点。

4．如何使扎染工艺与纹样的构成原理相结合？

实践知识

染色工艺

课题名称：染色工艺

课题内容：1．常用染料分类
2．不同染色方法简介

课题时间：12 学时

教学目的：让学生了解不同类别的染料及材料、染色工艺的对应关系，并掌握扎染织物染色的方法和过程。

教学方式：讲授法、结合现场示范的实验教学。

教学要求：1．让学生了解和掌握不同的染料类别与材料的对应关系。
2．让学生掌握扎染织物染色的方法。

第 三 章

染色工艺

第一节　常用染料分类

一、天然染料

天然染料的种类主要包括植物染料、动物染料及矿物质染料。传统扎染中最常见和最常用的是植物染料。植物染料是指利用自然界中的花草、树木、茎叶、果实、种子、根茎等作为原料，利用不同的方法提取出不同色素制成的染料。植物染料也是天然染料类别中数量最多、用途最广的染料。

植物染料被用于织物的染色，在我国有着十分悠久的历史，自周、秦以来文献均有记载。尤其到了明清时期，植物染料还曾出口日本，是古代织物染色材料和染色工艺的主流。植物染料的种类非常丰富，分布的地域也非常广，提取的方法也各有差异。在众多的植物染料中，值得一提的是由板蓝根作为主要原料提取而成的靛蓝染料。这种靛蓝染料至今依然被我国西南少数民族用于扎染织物的染色。其染料的提取方法非常复杂，要通过捣碎、浸泡、发酵、沉淀、过滤等诸多工序才能完成。植物染料的使用充分体现了我国古代劳动人民的聪明和智慧。随着科学技术的发展，提取植物染料的方法也有了长足的进步，可用于织物染色的植物染料种类也越来越多。植物染料不会对人体健康造成伤害，也不会对环境造成污染。使用植物染料染色的织物，色彩自然且具备防虫抗菌的作用，这种特点是化学染料不具备的。植物染料由于受材料和制作工艺的限制，染料中没有更多的添加剂，因此不太容易渗透。在扎染实践中更易于把握，可以相对轻松地达到预期的染色效果。

植物染料的不断开发和使用，为织物染色提供着越来越广泛的应用前景。但是，植物染料形成规模化生产非常困难，加之染料自身着色率较低等不利因素的影响，使植物染料的应用受到了一定程度的制约。但随着生态环境和科学技术的不断进步，以及人们生活理念和意识的不断改变，植物染料的开发和应用一定会有一个更加理想的未来（图3-1、图3-2）。

图 3-1　可以制成染料的植物

图 3-2　染料的制作过程

二、化学染料

现代化学染料的开发目的和开发方式与植物染料有所不同。现代化学染料的开发过程受到现代化生产方式的影响，导致染料中含有的添加剂比较多。染料在织物染色过程中，上色的速度更快，上染率更高，渗透能力也更强，适合织物的批量化、规模化的染色和印花。

化学染料在现代工业化织物染色印花生产过程中具备很多优势。在用于扎染工艺的染色时，与植物染料相比，有其自身的劣势。例如，化学类染料极强的渗透能力常常给扎染织物的染色带来尴尬，容易造成染色过染，使纹样失去应有的清晰。这就需要在织物染色前的扎结处理时，以更强的扎结牢度来适应。同时，在常规染料用量的基础上，增加1.2～1.4倍染料用量，并相对缩短染色时间。

化学染料的类别非常丰富，适用于扎染染色的染料也非常多。了解不同的染料类别与特性、染料与织物的对应关系，了解不同染料的染色操作过程，对扎染织物染色的最终效果起着决定性的作用，是扎染实践过程中的一个非常关键的部分。

常用于扎染工艺染色的化学染料有以下几种：

1. 直接染料

直接染料是一类品种多、色谱全、数量大、用途广的水溶性染料。直接染料的化学性质也比较稳定。使用直接染料染色时，可以将染液煮沸从而加速染料的溶解。也可通过在染液中适量地加入纯碱，来达到提高染料溶解度的目的。使用直接染料印染加工出的织物，水洗时容易退色、湿牢度相对比较差。因此，一般除了浅色染色外，大部分色彩的染色都要进行固色处理。

直接染料最大的特点是直接性，直接染料的直接性表现在三个方面：

一是染料的溶解无需借助于酸、碱、氧化剂、还原剂等助剂的作用就可以直接溶解于水。

二是用于纤维素纤维的上染时，只需无机盐（常用食盐与元明粉）和温度的作用便可使染料分子和织物分子直接结合。

三是无需媒染剂及其他氧化还原作用就可直接在纤维上得色（表 3-1）。

表 3-1　直接染料的分类

	牢　度	类　别
第一类	各项牢度一般	直　　接
第二类	日光牢度达 4 级以上	直接耐晒
第三类	染后经铜盐处理，可提高其水洗，日晒牢度	直接铜盐
第四类	染色后经重氮化显色处理	直接重氮（已禁用）

2. 活性染料

活性染料是一类在化学成分上带有活性基团的水溶性染料。活性染料品种繁多，各项性能也在不断地得到改进。这类染料在工业染色领域，是一种极为重要的染料。

活性染料具有较好的水溶性特点，可直接溶解于水。染色时染料首先被纤维吸着，然后在碱剂的作用下，染料与纤维的官能团羟基（— OH）或氨基（— NH_2）发生反应而固着，未被固着的染料则很容易被洗掉。活性染料与直接染料相比上色率较低，因此对织物浸染时，食盐（或元明粉）的用量应适当增大。活性染料的品类很多，有 X 型、K 型、KN 型、

M 型等。染色需要的温度及工艺条件也不尽相同。应根据条件和需要，选择适合的染料和相应的染色工艺。

活性染料的特点：

第一，染色牢度好、湿牢度好，而且不会使织物产生脆化。

第二，色泽鲜艳度、光亮度好（其中的某些品类超过还原染料）。

第三，生产成本低。

第四，色谱齐全。

3. 酸性染料

酸性染料是一种结构上带有酸性基团的水溶性染料。酸性染料是染料中品种最多的一类。主要适用于羊毛、真丝等蛋白质纤维和聚酰胺纤维的染色或印花，也可以用于皮革、墨水、造纸和化妆品的着色以及食用色素的制作。

酸性染料的分类：

第一类，强酸浴酸性染料。对羊毛纤维的亲合力较低，染色需要在强酸浴中进行（pH=2.5 ～ 4），湿处理牢度较差，日晒牢度较好，色泽鲜艳，匀染性良好。

第二类，弱酸浴酸性染料。在常温染浴中，基本上以胶体分散状态存在，对羊毛纤维的亲合力较高，染色需在弱酸浴中进行（pH=4 ～ 5），湿处理牢度较好，匀染性较差。

第三类，中性浴酸性染料。在常温染浴中，主要以胶体状态存在。对羊毛纤维的亲合力极高，湿牢度较好。染色需要在中性染浴中进行（pH=6 ～ 7），匀染性较差，色泽不够鲜艳。

弱酸性染料对丝绸类织物进行染色时，必须根据染料的结构和性能来调节染浴的 pH 值。从蚕丝特性和染料给色量的角度考虑，丝绸织物的染色一般以弱酸浴染色为好。通常选用醋酸或硫酸铵调节染浴的 pH 值，但染色湿处理牢度较差。其中，部分中色、深色尤为如此，所以有必要进行固色处理。

为了使染料均匀上染，染色时需要逐步升温。由于丝绸类织物的质地轻薄，长时间沸染会使丝质受到损坏，影响丝织物的光泽，所以丝绸类织物利用酸性染料染色时，最高温度应控制在 95℃左右。

第二节　不同染色方法简介

一、直接染料染色工艺

1. 染色参考处方（表 3–2）

表 3–2　染料参考处方

配比＼染色 原料	浅　色	中　色	深　色
直接染料（%）	1% 以下	1% ～ 3%	3% ～ 8%
匀染剂 OP（克 / 升）	0.1	0.15	0.2
食盐（克 / 升）	3 ～ 10	10 ～ 20	20 ～ 40
纯碱（克 / 升）	0.5 ～ 1	1 ～ 1.5	1.5 ～ 2

2. 染色与固色

（1）染色工艺。

浴比：1 ∶ 30 ～ 1 ∶ 40（织物重量与染液容量之比）。

温度：60 ～ 100℃。

时间：30 ～ 60 分钟。

（2）固色工艺。

固色剂，10 ～ 30 克 / 升，固色温度 40 ～ 60℃，浸泡处理 20 ～ 30 分钟。

3. 步骤与操作

（1）将染料和助剂按比例用温水溶解，并按浴比调好染液（染液调制先加碱，再加染料），逐渐升温。

（2）将扎结好的织物用温水浸湿。

（3）将织物浸入 40 ～ 60℃的染液中。染液逐渐升温至

70～95℃，并分次加入食盐（一次或两次），染色时应勤搅拌，染 30～60 分钟。

（4）将被染物取出，用清水将浮色冲洗掉。

（5）固色处理，按比例加入固色剂，40～60℃水煮 20～30 分钟（图 3-3）。

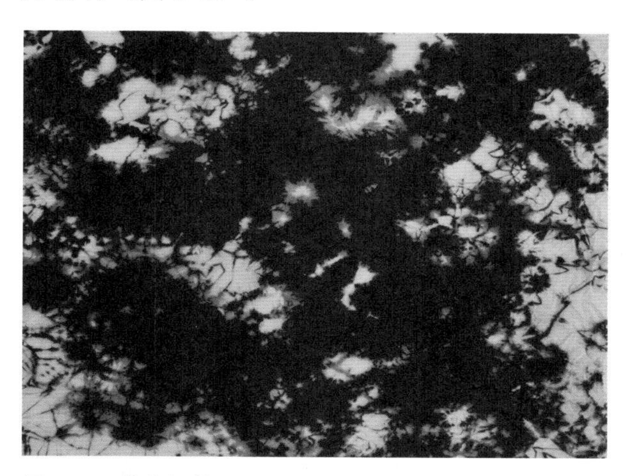

图 3-3　染色织物

二、活性染料染色工艺

1. 染色参考处方（表 3-3）

表 3-3　染色参考处方

原料 \ 配比 \ 染色	浅　色	中　色	深　色
X 型活性染料（%）	1% 以下	1%～3%	3% 以上
元明粉（克 / 升）	20	30	60
纯碱（克 / 升）	0.5～1	1～2	2～4

2. 染色与固色

（1）染色工艺。

浴比：1 ∶ 15～1 ∶ 20（织物重量与染液容量之比）。

温度：20～30℃。

时间：20～40 分钟。

（2）固色工艺。

低温型活性染料的固色方法与其他染料的固色方法有所区别，低温型活性染料的固色过程要在织物染色的同染浴中完成。

3. 步骤与操作

（1）将溶解后的染料按浴比加入软水中调成染液，染液温度 20 ～ 30℃。

（2）将扎结好的织物浸入染液，均匀搅拌。

（3）染色 10 ～ 20 分钟后依次加入元明粉或食盐。

（4）继续染 15 ～ 20 分钟，然后，在同液中按比例加入纯碱（5 ～ 20 克 / 升）对织物进行固色，固色温度在 40℃左右，15 分钟后将被染物取出（固色后加入纯碱的残留染料不能再使用，进行新的染色时必须重新配制染浴）。

（5）用清水洗去染色织物的浮色（图 3-4）。

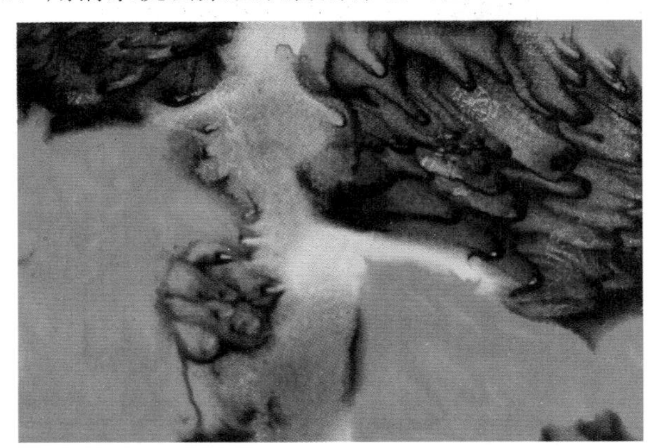

图 3-4　染色织物

三、酸性染料染色工艺

1. 染色参考处方（表 3-4）

表 3-4　染色参考处方

原料 \ 配比 \ 染色	浅　色	中　色	深　色
弱酸染料（%）	0.5	0.5 ～ 2	2 以上
元明粉（克 / 升）	1	1.5	2
匀染剂 XP-1 或平平加（克 / 升）	0.1	0.12	0.15
醋酸（毫升 / 升）	0.1	0.1	0.1

2. 染色与固色

（1）染色工艺。

浴比：1 ∶ 80 ～ 1 ∶ 100（织物重量与染液容量之比）。

温度：80 ～ 90℃。

时间：30 ～ 60 分钟。

（2）固色工艺。

固色剂 7 ～ 10 克 / 升，温度 35 ～ 40℃时，处理 20 ～ 30 分钟。

3. 步骤与操作

（1）将染料、匀染剂、元明粉用适量温水溶解，按浴比加入软水中调成染液。染液温度 30 ～ 40℃。

（2）搅拌均匀后将织物浸入染液。

（3）染液逐渐升温至 80 ～ 90℃，反复搅拌染色织物，染色 20 ～ 30 分钟。

（4）逐渐降温，取出被染织物，用 40 ～ 45℃的温水洗 10 分钟。

（5）加入少量醋酸（如需固色，可不加醋酸）（图 3-5）。

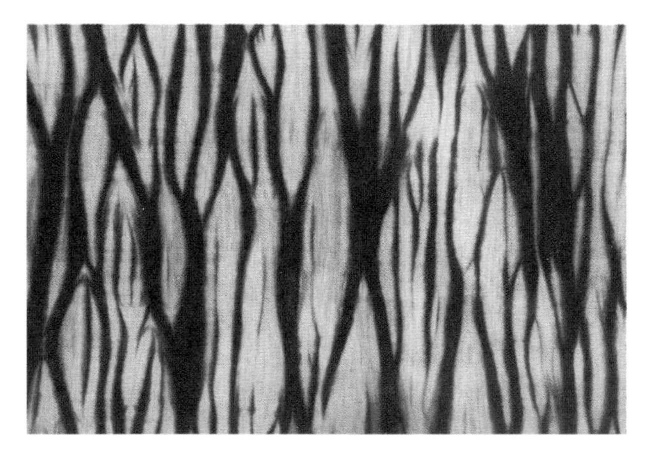

图 3-5　染色织物

思考题：

1. 常用的扎染染料都有什么类型？
2. 化学染料的特点是什么？
3. 试述化学染料与织物的对应关系。
4. 染色过程中需要把握的重点是什么？

实践知识

扎染实践解析

课题名称：扎染实践解析

课题内容：1．常见扎染方法的综合使用

2．扎染中的常见问题分析

课题时间：12 学时

教学目的：让学生掌握不同的扎结方法在扎染的尝试中容易出现的问题，学会解决问题的方法，并通过大量的实践，染出理想的扎染织物。

教学方式：讲授法、举例法、启发式教学、现场实验教学相结合。

教学要求：1．让学生学会分析、比较、鉴别扎染织物存在问题的能力。

2．让学生了解掌握扎染实践中容易出现的问题和解决方法。

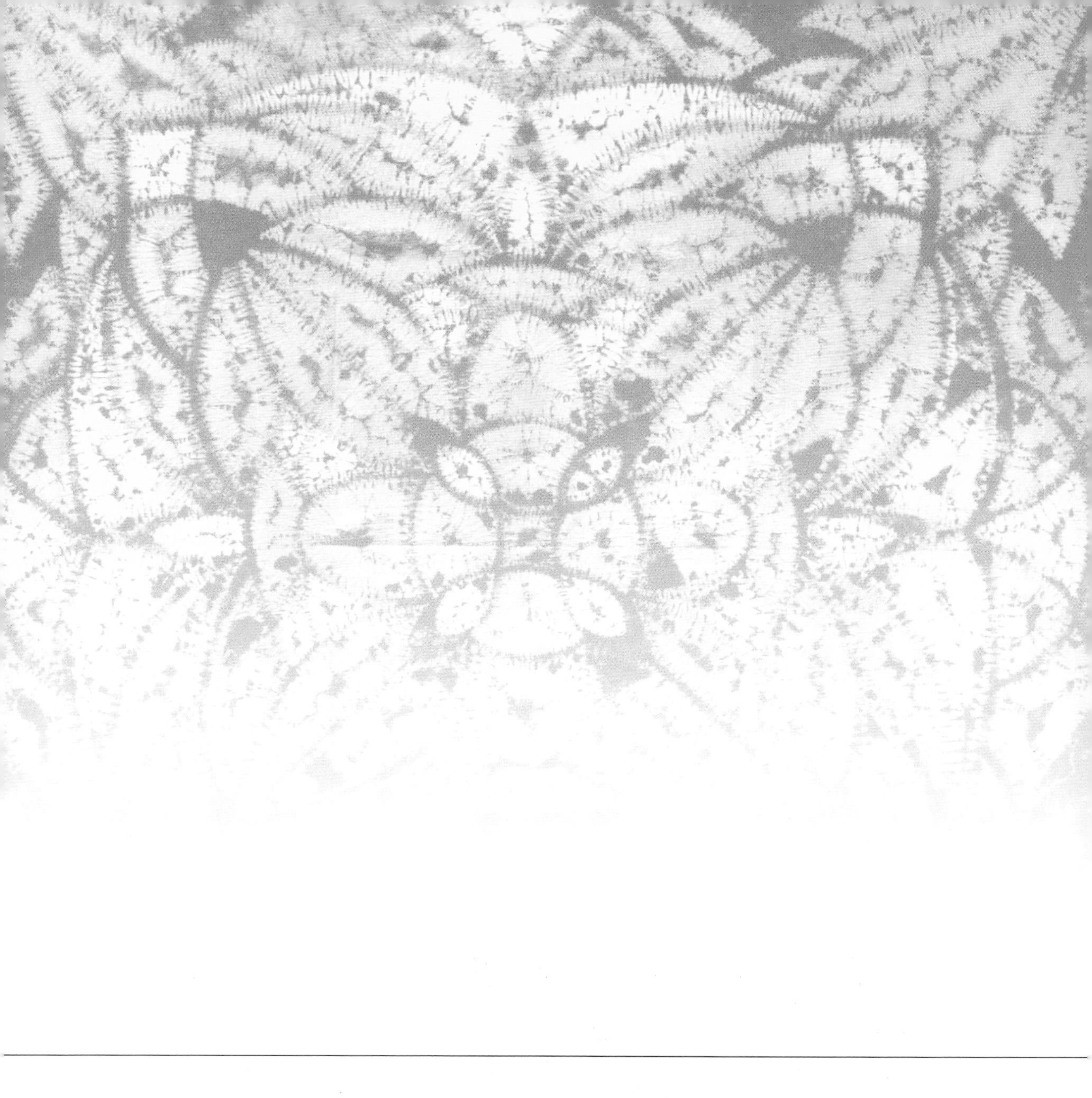

第 四 章

扎染实践解析

第一节　常见扎染方法的综合使用

一、相同扎结方法的运用

1. 实例分析一（图 4–1）

（1）构图形式：此图作品采用的是向心形式的构成骨架，按照均衡的构图需求，首先用铅笔画好向心的平行弧线。

（2）扎结方法：作品中沿着每一条画好的弧线对折织物，再用简单的平缝方式，按照统一、等量的针距，弧线穿缝，然后按缝迹抽紧、扎牢。

（3）染色效果：将扎结好的织物采用植物染料进行浸染、晾干、脱结。整体效果单纯大方，视觉冲击力强，具备很好的装饰效果。

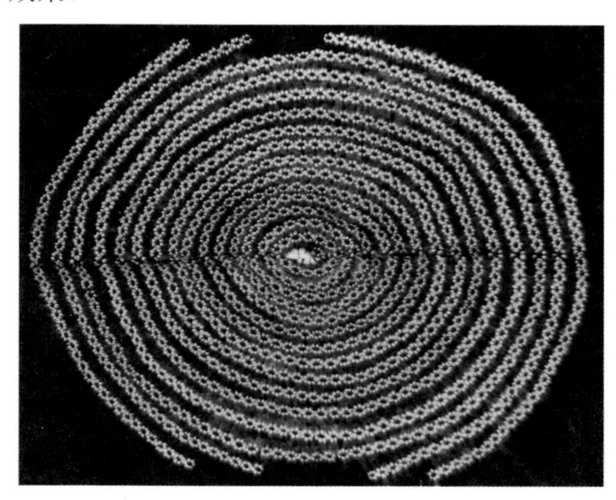

图 4–1　相同扎结方法的应用效果

2. 实例分析二（图 4–2）

（1）构图形式：此幅作品采用平行的构成骨架，等距离地勾画出平行线条，作为扎结的依据。

（2）扎结方法：作品中采用最简单的等针距等缝迹平缝方法，每一行的缝制针位与上一行形成二分之一错位，把所有的部分缝制完成，统一按缝迹抽紧、扎牢。

（3）染色效果：将扎结好的织物采用直接染料进行染色。通过织物在扎结过程中的自然遮挡，使最终的染色效果变化丰富，能够使人联想到水中涟漪的摇曳，非常生动有趣。

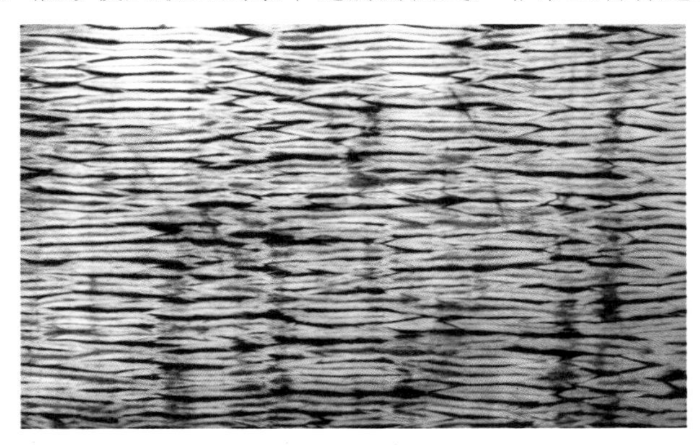

图 4–2　相同扎结方法的应用效果

3. 实例分析三（图 4–3）

（1）构图形式：此幅作品采用几何的构成骨架，形成纹样上下左右不同方向的链接。很好地协调了扎结工艺与纹样的关系，操作简单方便。

（2）扎结方法：作品中方形纹样采用密集的平缝方法缝出形状，然后按缝迹抽紧、扎牢。圆形纹样采用卷扎的方法，两种扎结技法、两种纹样有机地结合在一起。

（3）染色效果：将扎结好的织物采用直接染料进行染色。密集平缝的方形纹样通过染色，既保留了自身的形状，又充满变化。纹样在一实一虚、一圆一方的对比中，形成了既统一又有变化的整体效果。

图 4–3　相同扎结方法的应用效果

二、不同扎结方法的运用

1. 实例分析一（图 4–4）

（1）构图形式：此幅作品采用的是适合纹样的构成骨架，是一个局部的纹样效果。

（2）扎结方法：作品中运用了平缝（直线平缝、直线对折平缝、弧线平缝）的扎结方法和平缝全扎、对折平缝全扎的扎结方法。在纹样的构图骨架中，通过平缝、对折平缝、对折弧线平缝的扎法，构成宽窄不一、形象各异的二方连续边饰纹样。平缝全扎的三角形纹样效果，与不同的边饰纹样形成了点线面节奏变化丰富的视觉效果。

（3）染色效果：将扎结好的织物采用植物染料进行单色的染色。但由于扎结方法变化丰富，纹样搭配合理，营造了丰富的视觉效果。

图 4–4　不同扎结方法的组合效果

2. 实例分析二（图 4–5）

（1）构图形式：此幅作品采用方形适合纹样的构成骨架。

（2）扎结方法：作品中采用的扎结方法很简单。分别采用了对折平缝、四折平缝和对折平缝全扎的三种简单方法。缝制过程充分地利用了织物可以根据需要的方向随意对折的特点，形成漂亮的弧线纹样。

（3）染色效果：将扎结好的织物用植物染料进行染色。整体纹样效果简单但不失严谨，虚实关系协调，对折平缝的弧线精巧灵动。

图 4–5　不同扎结方法的组合效果

三、单色染色工艺的运用

单色染色工艺是指利用单色的染料进行扎染织物的染色方法。单色染色工艺的主要特点是扎结后通过一次染色的过程完成作品的最终制作。常见的扎染织物多为单色，色彩稳重，效果非常突出，带给人的印象强烈生动。至今保留完整的云南大理扎染工艺，也多以单一的靛蓝植物染料进行染色，其色彩稳重古朴。

单色染色的要点是根据预期纹样的效果，把控不同的扎结技法和扎结的松紧程度，使织物通过扎结，形成松紧变化不一的状态。从而产生不同深浅、虚实变化的丰富染色效果。

1. 实例分析一（图 4–6）

（1）构图形式：此幅作品采用方形适合纹样的构成骨架。

（2）扎结方法：作品中采用的扎结方法很简单，只有平缝、对折平缝、卷扎三种。其中放射状的线条和圆形框架中的纹样，扎结牢度一致。圆形的轮廓和中间的卷扎部分则用力较紧，这样就形成了松紧两种不同程度的扎结。

（3）染色效果：将扎结好的织物采用单一色的化学染料进行染色。由于织物扎结的松紧程度不同，所获得的染色效果也不同。再加上扎染工艺所形成的特有的晕色特点，整体的纹样效果并不显得单调。

图 4-6　单色染色的效果

2. 实例分析二（图 4-7）

（1）构图形式：此幅作品采用单独纹样的构成骨架。

（2）扎结方法：作品通过织物有序的折叠形成挡压，起到防染的目的。再用绳线将织物挡压的形态固定住，最后进行染色。

（3）染色工艺：将扎结好的织物采用单一色的化工染料完成染色。由于被遮挡的织物不容易处在一个相同的染色条件下，其织物的上色程度也不会一样，形成了深浅不一的染色效果，偶然中充满着必然。这样的效果可以带给人惊奇和联想，充分地诠释了扎染工艺的独特魅力。

图 4-7　单色染色的效果

四、多色染色工艺的运用

所谓多色扎染，实际上是根据预期纹样效果的需要进行织物的重复染色。多色染色可以选择相同类别的染料及染色工艺进行，也可以选择不同类别的染料及染色工艺进行。进行多色染色尝试时，不但需要对不同染料的渗透性能有所了解，也需要对色彩应用的相关知识有所了解。多色染色的一般方法是根据颜色明度的区别由浅至深的顺序进行。

尝试多色扎染的重复染色，需要严格的控制扎结与染色过程的顺序，循序渐进，并合理的搭配颜色，才能获得理想的染色效果。

1. 实例分析一（图4–8）

（1）构图形式：此幅作品采用方形的适合纹样构成骨架。

（2）扎结方法：作品中纹样采用了平缝，对折平缝，平缝全扎的扎结技法。

（3）操作过程：将纹样依次按不同的扎结方法进行缝制、抽紧、扎牢。首先染出绿色。绿色染过之后，不要进行脱结的工艺环节。然后顺应第一次染色前扎结的部分，依次对现有的绿色部分进行二次的重新扎结。最后，进行第二次的深色（黑色）染色。整体染色过程由浅至深，染色后，按照工艺的流程，进行固色、脱结及其他后处理环节。

（4）染色效果：由于染料的渗透和浸晕特点，多色染色可以得到事半功倍的色彩变化，纹样效果更加丰富自然。

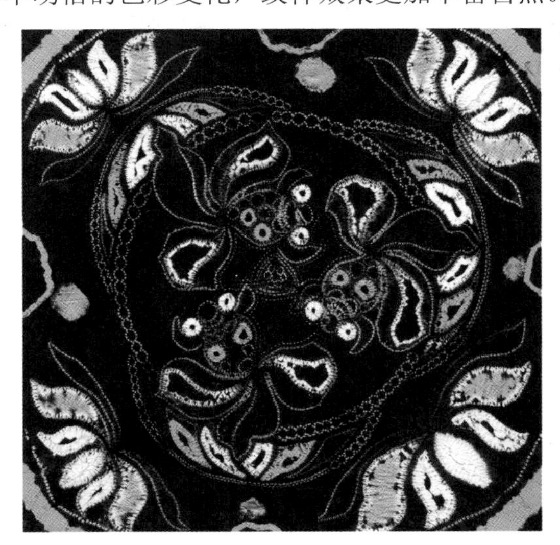

图4–8　多色染色的效果

2. 实例分析二（图 4-9）

（1）构图形式：此幅作品采用方形的适合纹样构成骨架。

（2）扎结方法：作品中采用了平缝、对折平缝、卷缝和平缝全扎等方法。

（3）操作过程：首先依照画稿，将纹样所有需要扎结的部分缝制，再沿缝迹抽紧扎牢，然后染黄色。第二步，在保留扎结状态的情况下，将需要保留黄色的部分继续扎结，再进行棕色的染色。最后通过固色、脱节等环节，完成制作过程。

（4）染色效果：此幅作品是由黄色、棕色两个颜色的染料染制完成。整体的染色效果充分地利用了化学染料渗透强的特点，使部分的黄色与棕色形成自然的叠压，出现第三色，极大地丰富了染色效果的变化。

图 4-9　多色染色的效果

五、非常规多色染色方法的运用

非常规多色染色的方法对应常规的多色染色，体现在扎结、染色、脱结等过程有目的地拆解重构及灵活的把控。使用这种染色方法进行染色操作比较复杂，需要非常明确的纹样预期效果，并根据预期的染色效果对扎结、染色的工艺过程进行重新的设计。例如，局部色彩的叠压、扎结脱结的时机控制，染色前后顺序的计划等。灵活地变化、调整扎染的基本工艺流程，才能染出理想的作品。

1. 实例分析一（图 4–10）

（1）构图形式：此幅作品采用方形的适合纹样构成骨架。

（2）扎结方法：作品中基本采用了平缝全扎的扎结方法，在边饰部分，采用了对折平缝的方法。

（3）操作步骤：第一步，依据画稿将所有需要缝制的部分进行缝合，然后只将蓝色的部分利用全扎的方法沿缝迹抽紧、扎牢，将织物通染黄色。黄色染色后进行二次扎结，将染过黄色的部分沿缝迹抽紧利用全扎的方法扎牢，以起到保护的作用。再将需要染蓝色的部分脱结、打开，进行染蓝部分的染色。染色后，再重新将蓝色扎牢，最后通染黑色，完成所有的染色步骤。

（4）染色效果：此幅作品的染色效果对比强烈，色彩鲜艳，层次突出。尤其黄色的点缀以及黄色与蓝色叠压而成的绿色，极大地丰富了纹样的整体视觉效果。

图 4–10　非常规多色染色效果

2. 实例分析二（图 4–11）

（1）构图形式：此幅作品采用四方连续的纹样构成骨架。

（2）扎结方法：作品中采用了平缝根扎的扎结方法。

（3）操作步骤：第一步，按照图形的轮廓，将所有的方形纹样等针距的依次缝出，每一个方形保持一根独立的线并留有下一步操作的余地，不需要任何抽紧打结。第二步，将织物通染淡紫色。第三步，将需要保留淡紫色的部分按缝迹抽紧扎牢，再将织物通染绿色。第四步，将绿色的部分再按缝迹抽紧、扎牢，最后通染黑色。

（4）染色效果：染色过程中不同的颜色相互叠压产生第三色，使有限的颜色通过扎结步骤和染色步骤的主观调换与安排，形成更加丰富的色彩变化。

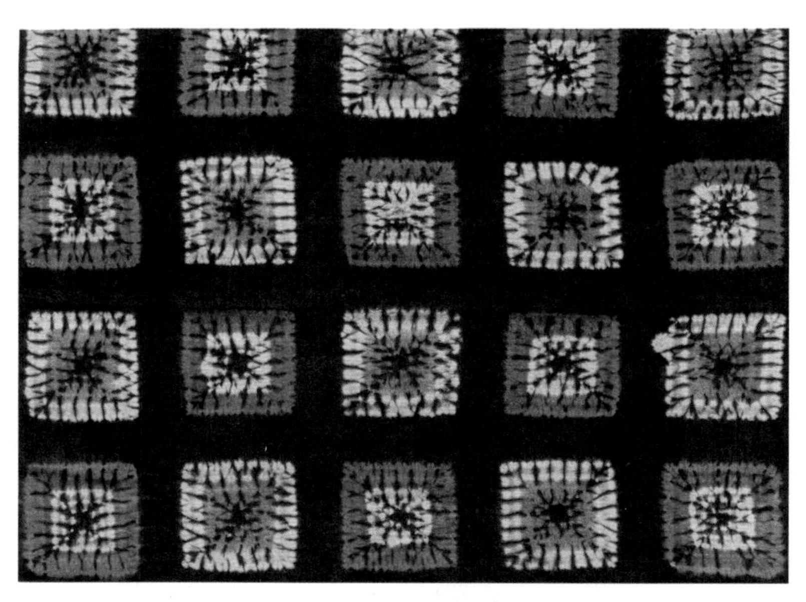

图 4–11　非常规多色染色效果

第二节　扎染中的常见问题分析

一、扎结过程中容易出现的问题

扎染工艺的特殊性，对纹样有着一定程度的制约。一些在纸面上或电脑上可以完成的图形效果，很难通过扎染的工艺来实现。所以，从扎染纹样的设计阶段开始，就要充分兼顾到工艺及制作的局限，考虑到各种操作环节的可行性。为了确保预期染色效果的实现，应以便于操作为原则。

1. 纹样不适合扎结

如图 4-12、图 4-13 所示中的虚线部分既是纹样的轮廓又代表缝制的轨迹。缝制只是扎结的基础，如图 4-12 所示中的交叉线过于多，会给抽紧、扎牢带来麻烦。其结果会导致操作过程的混乱，失去操作的可控性。同时，也会造成染色效果的不理想。

在纹样选择和处理时应结合扎结的方法，适当拆解和变

图 4-12　不可操作的图形

图 4-13　可操作的图形

化原有的纹样形状，形成相对独立闭合的部分，同时最大程度的保持原有纹样的特征，把不可操作的图形变成可操作的图形。

2. 扎结牢度不够

扎结牢度不够是扎染尝试中经常遇到的问题。尤其选用较薄织物和渗透性能较强的染料时，常常会由于扎结牢度不够、染料过于渗透导致纹样模糊，从而影响染色效果。所以，扎结过程中应根据选用的织物类型、薄厚，染料的渗透性能，及纹样的预期效果掌握扎结的松紧程度（图 4-14）。

3. 针距不恰当

缝扎是扎结方法中比较典型的技法，使用缝扎的方法可以缝出不同的形状。但缝制时针距大小的使用不当，会直接影响到纹样的表现力。针距过大，往往会使纹样散乱，失去应有的形状；针距过小又会给织物的遮挡、防染带来困难，失去纹样的模样（图 4-15）。

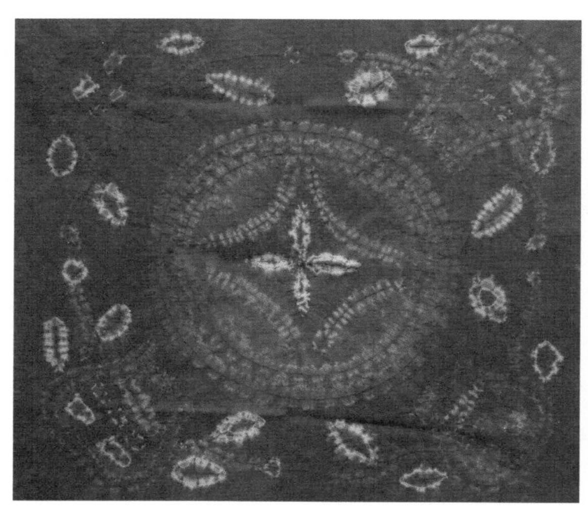

图 4–14　扎结牢度不够

图 4–15　针距不恰当

二、染色过程中容易出现的问题

1. 染色效果不均匀

染色不均匀是相对于预期的最终染色效果而言的。由于织物的遮挡、叠压、扎结，往往会形成相同纹样部位的织物染色不均匀，影响作品效果的完整。尤其利用折、叠类的扎结方法进行扎结的时候，更容易出现类似的问题。所以，染色前对扎结好的织物进行适当的整理，尽量使预期相同染色效果的织物部分处于相同的染色条件下，这是十分必要的，是染色前对扎结好的织物进行处理的不可缺少的操作环节（图4-16）。

2. 染色时间把握不当

由于染色时间短，造成染料没有完成充足染着的现象，容易使染出的作品显得苍白。染色效果则没有层次和变化，也体现不出扎染工艺的特色，而染色时间过长，由于染料对织物的渗透，也极容易失去纹样恰当的面貌。所以，应该按照所选择染料的染色工艺要求进行染色的操作。当然，有些特殊的扎结方法，染色时间的控制可以根据经验，灵活适当地缩短或加长（图4-17、图4-18）。

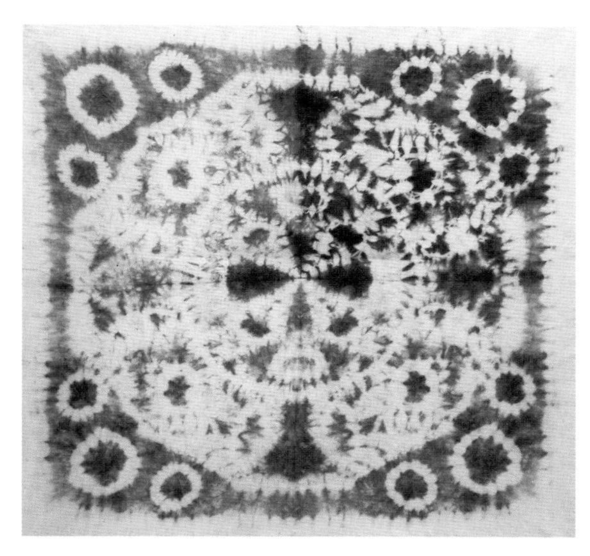

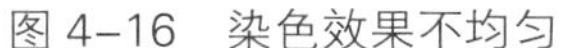

图4-16 染色效果不均匀

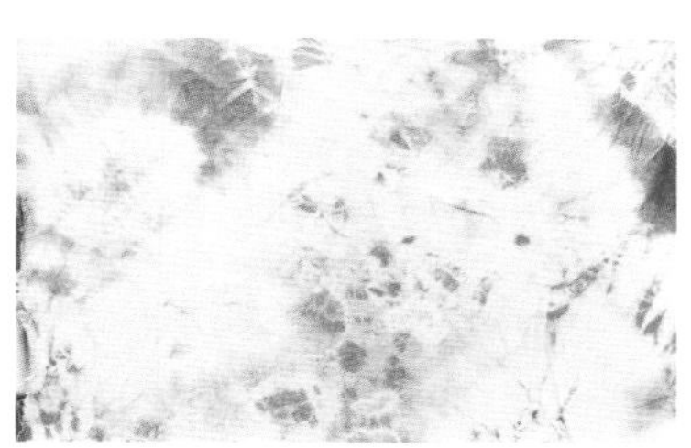

图4-17

图4-18

思考题：

1．扎染实践过程中容易出现哪些问题？

2．如何解决扎染过程中容易出现的问题？

解析与欣赏

作品欣赏

课题名称：作品欣赏

课题内容：古今中外扎染织物作品图片赏析

课题时间：4 学时

教学目的：通过对扎染织物作品图片的观摩，进一步引导和激发学生运用扎染方法进行创作的热情。思考学习传统技艺的现实意义。

教学方式：举例法、启发式教学、现场实验教学相结合。

教学要求：让学生了解利用扎染进行创作的可能性。

第 五 章

作品欣赏

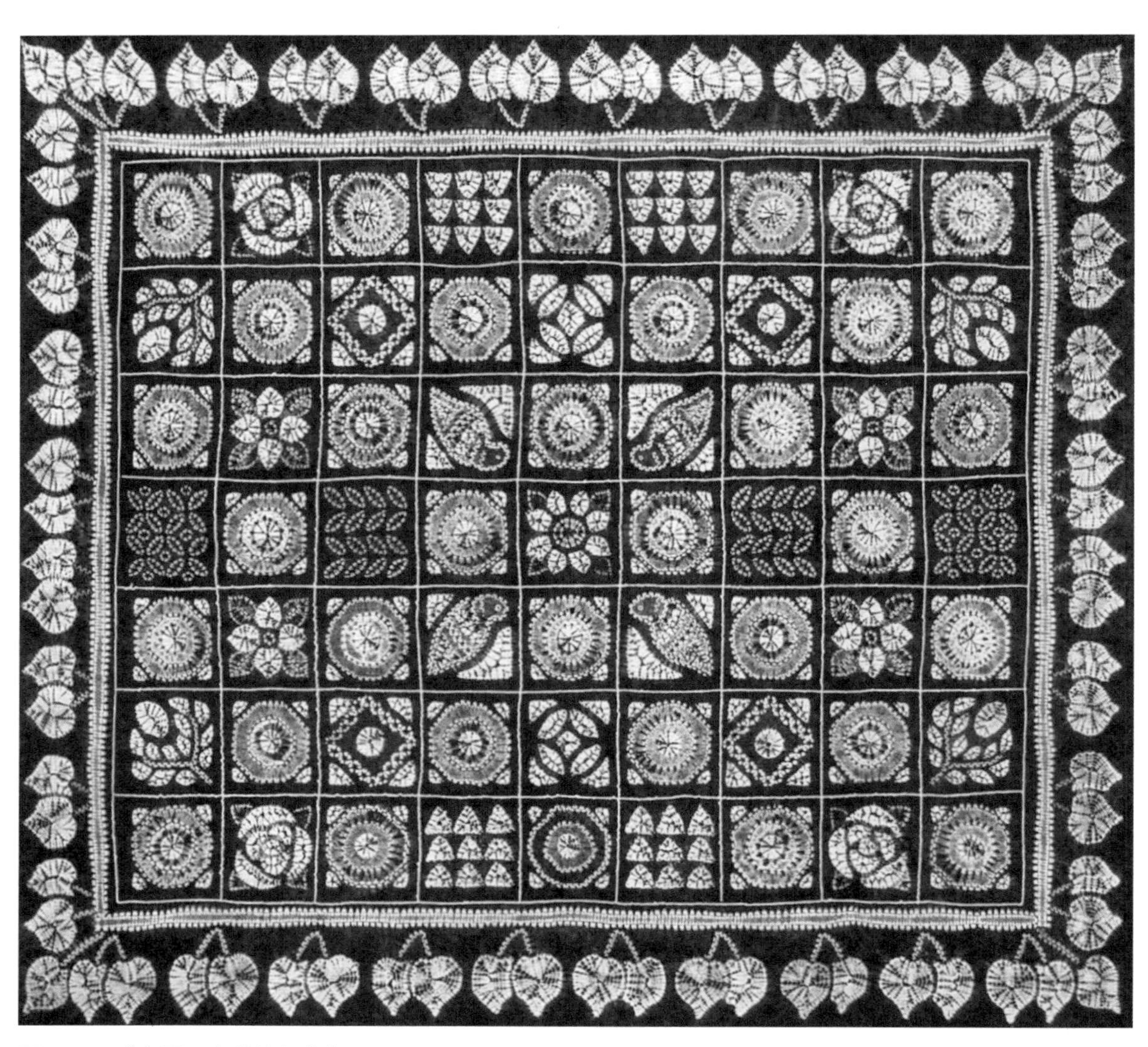

图 5–1　《中国云南扎染织物》

图 5-2 《中国云南扎染织物》

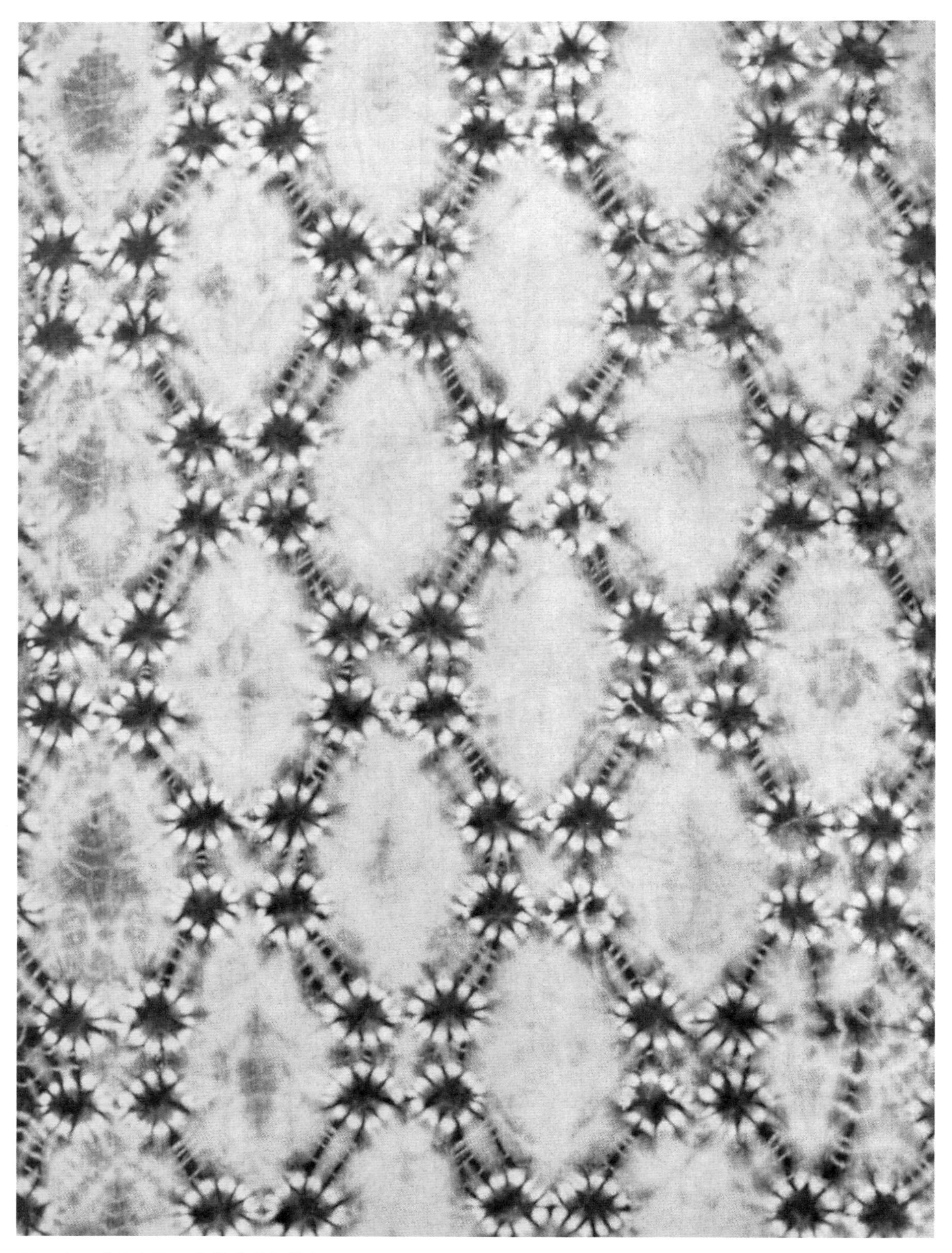

图 5-3 《日本双日出纹扎染织物》

图 5–4 《日本室町时代扎染织物》

图 5-5 《塞内加尔扎染织物》

图 5-6 《扎染床品》 作者：侯俊慧

图 5–7 《扎染服装》 作者：Craig Green（英国）

图 5–8 《扎染服装》 作者：Craig Green（英国）

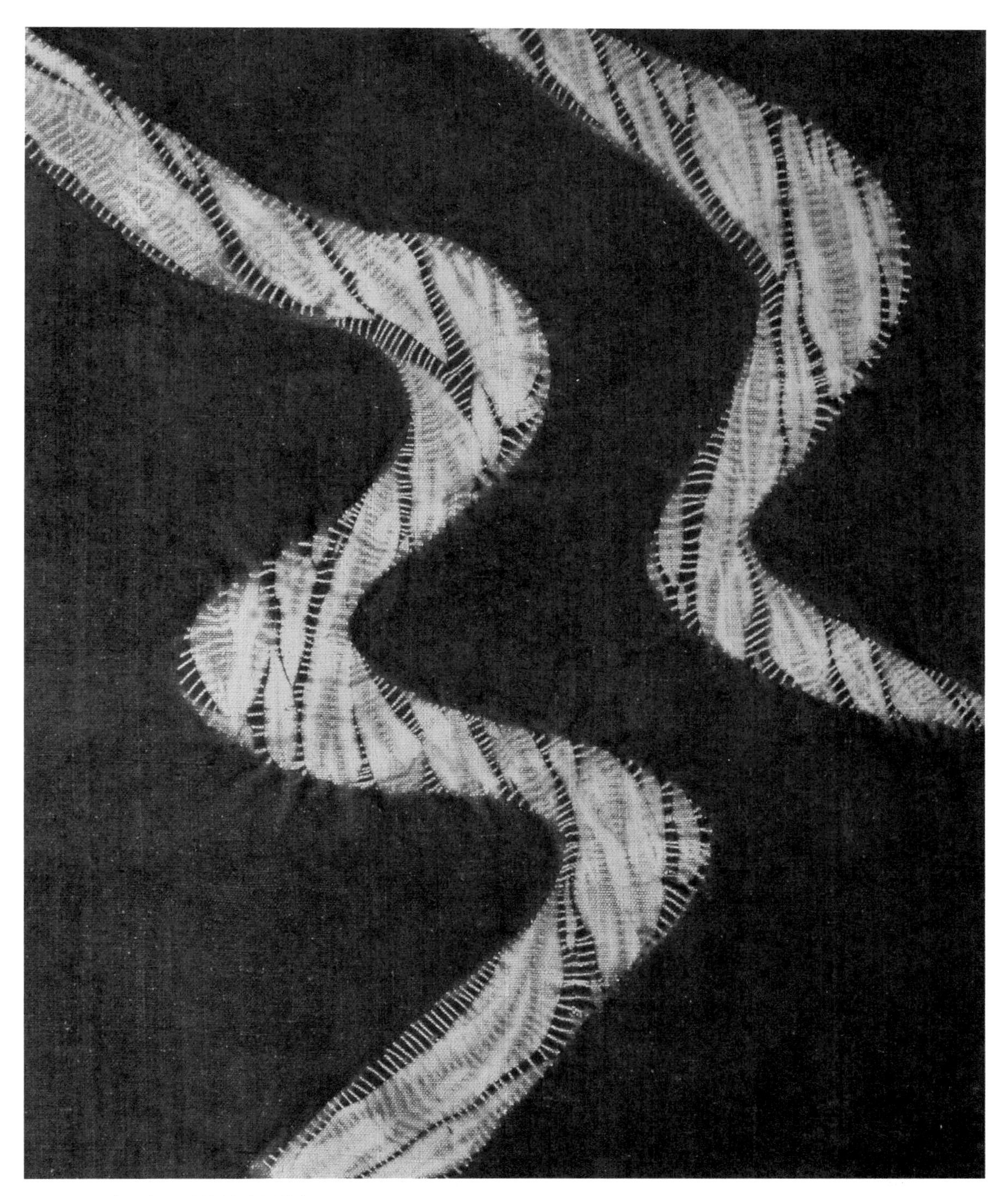

图 5–9 《日本军队纹扎染织物》

图 5–10 《扎染织物》 作者：曹艳梅

图 5-11 《扎染织物》 作者：张东泉

图 5-12 《扎染织物》 作者：张世津

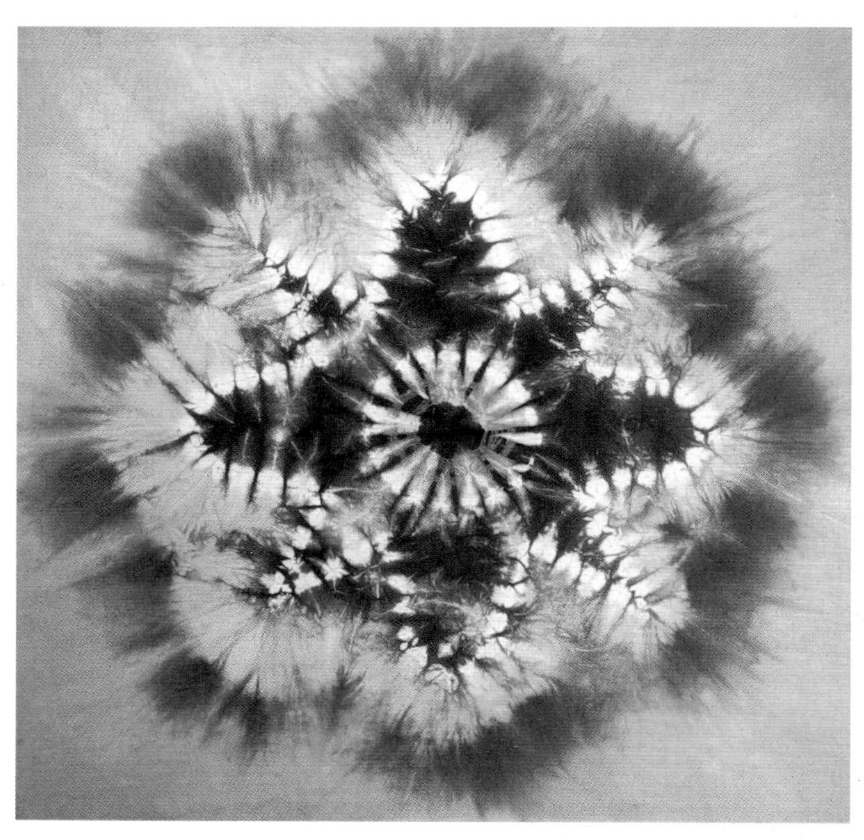

图 5-13 《扎染织物》 学生作品

图 5–14 《扎染织物》 作者：付磊

图 5–15 《尼日利亚扎染织物》

图 5-16 《扎染织物》 作者：雷蕾

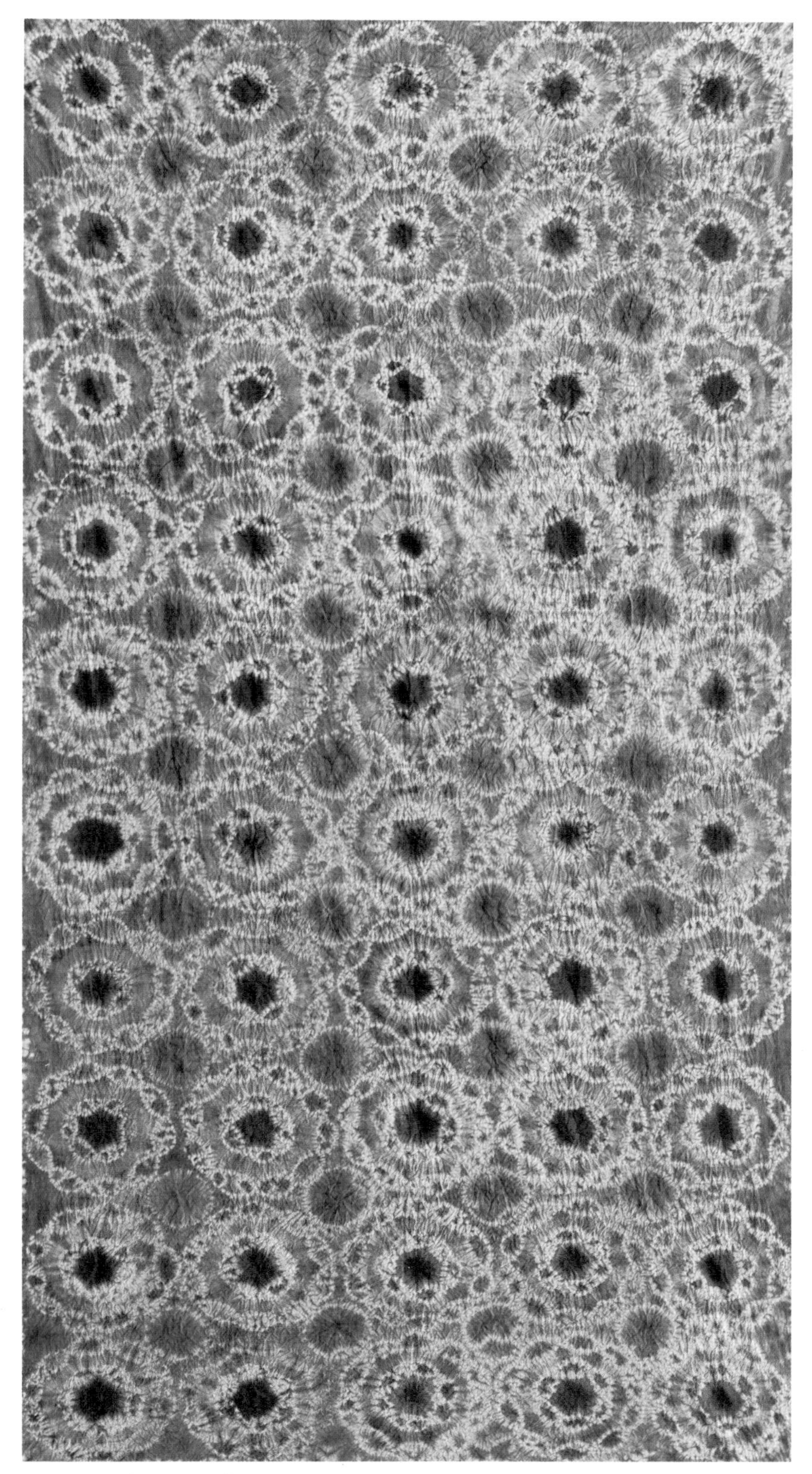

图 5-17 《扎染织物》 作者：赵洪波

图 5-18 《扎伊尔扎染织物》

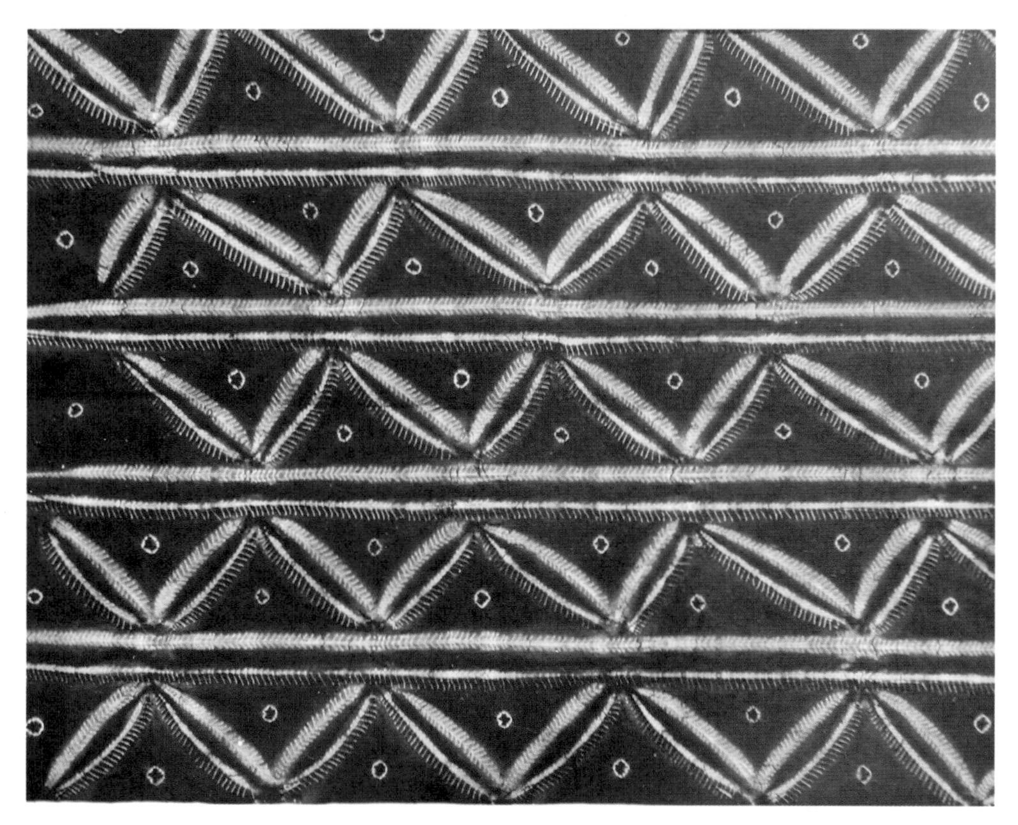

图 5-19 《尼日利亚扎染织物》

图 5–20　《日本蜘蛛纹扎染织物》

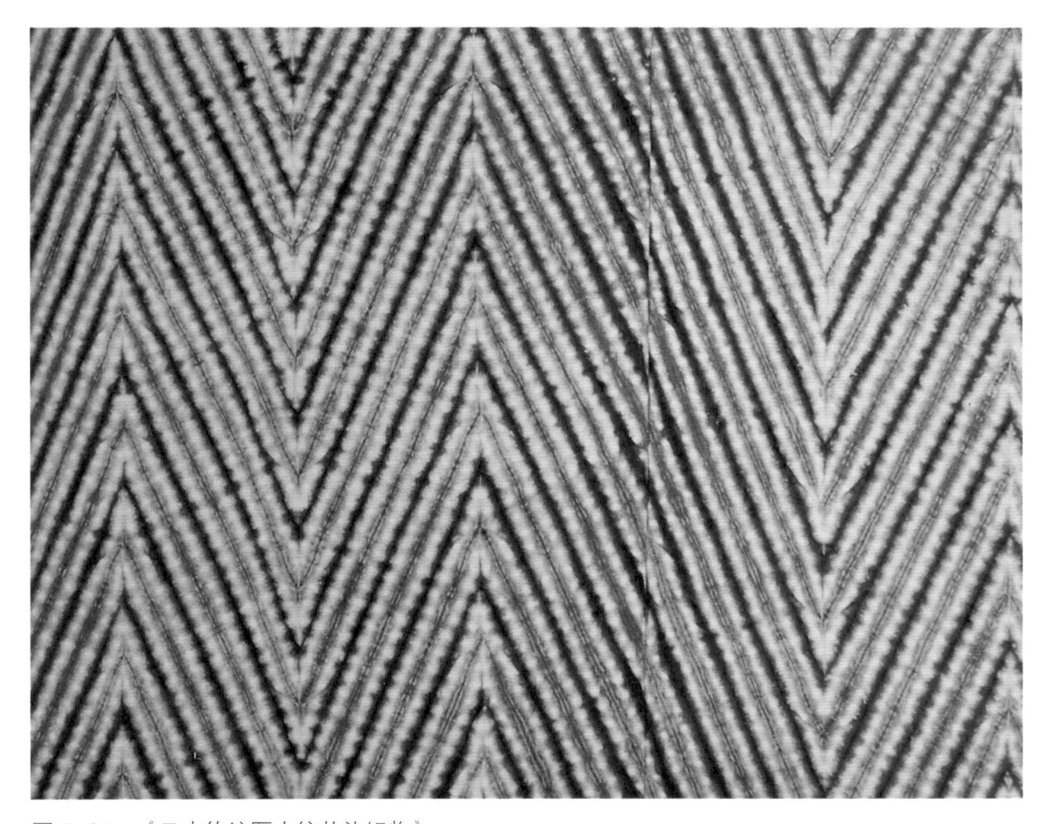

图 5–21　《日本传统雁木纹扎染织物》

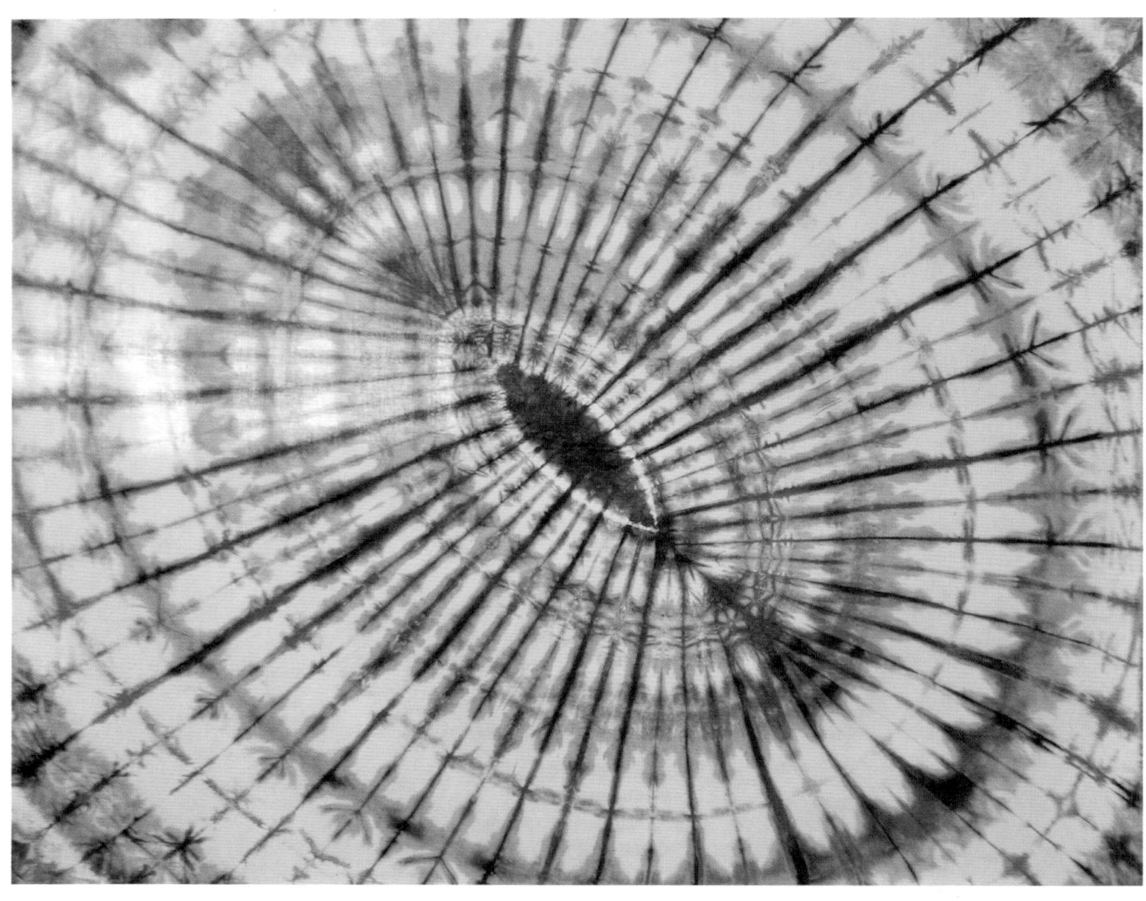

图 5–22 《扎染织物》 作者：张曦文

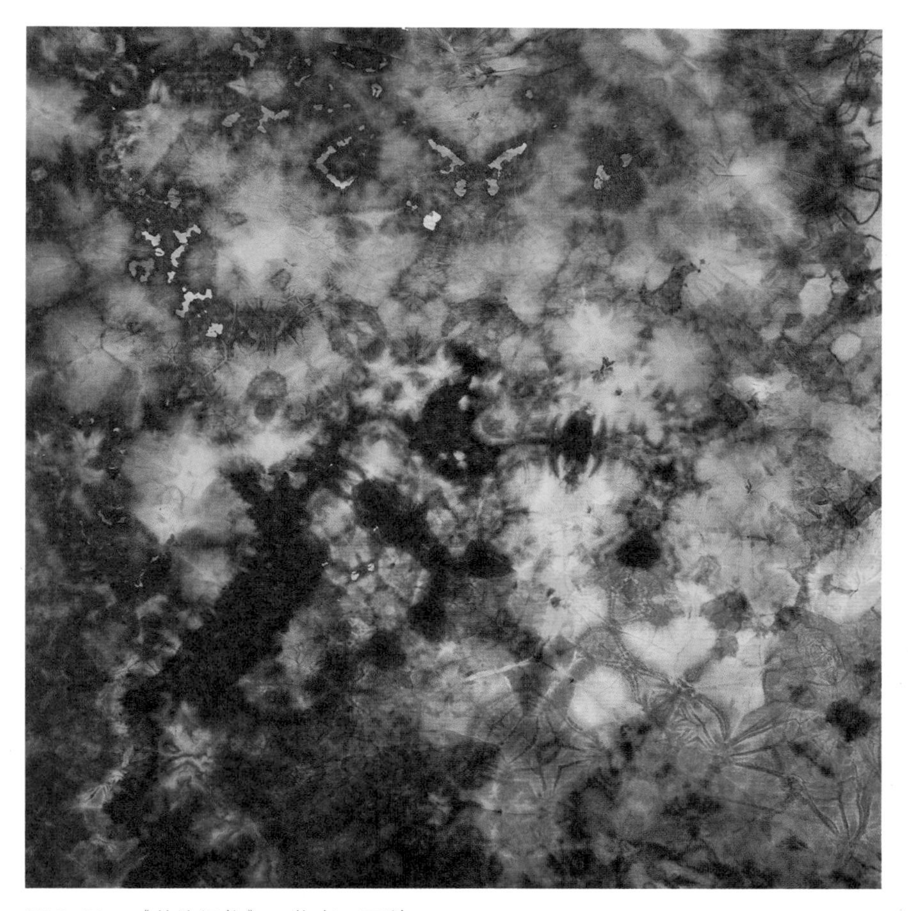

图 5-23 《扎染织物》 作者：王利

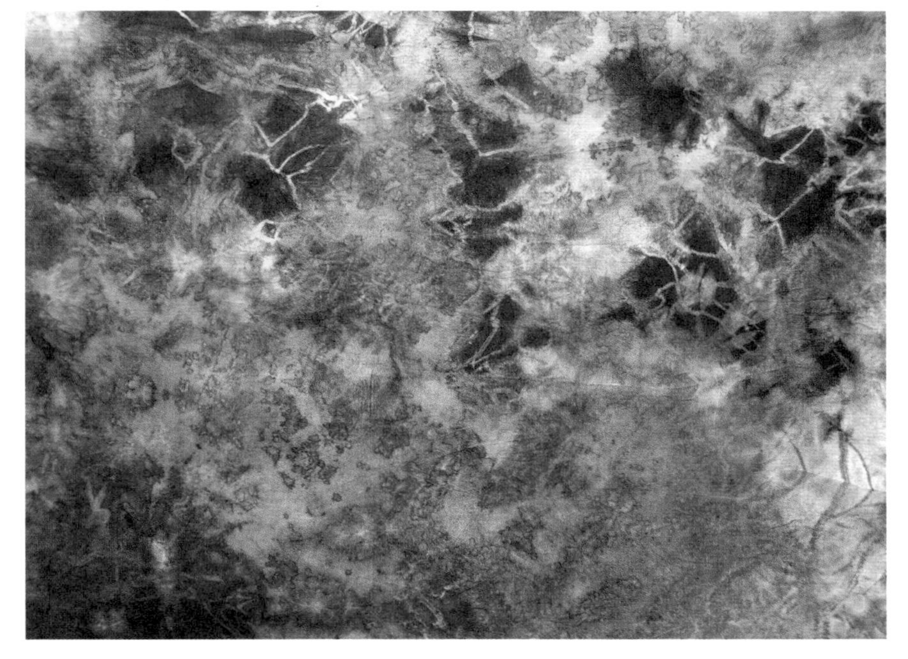

图 5-24 《扎染织物》 作者：王利

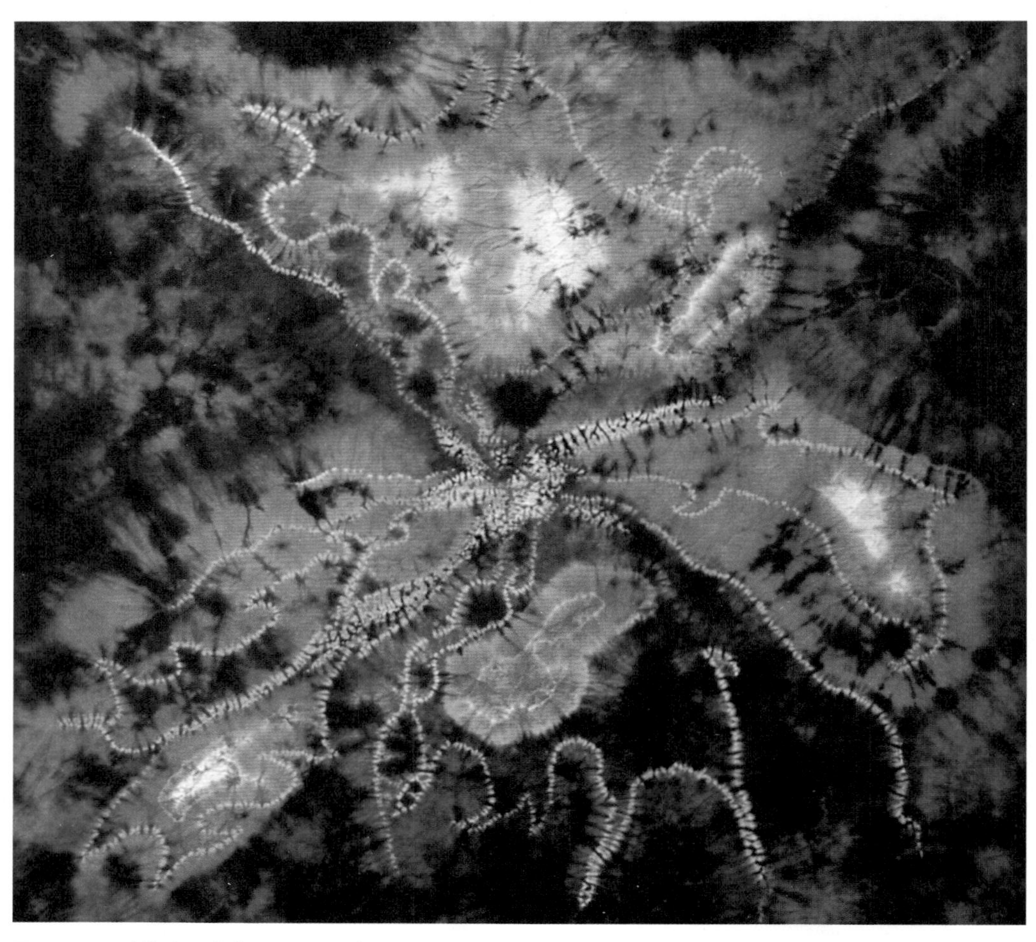

图 5–25 《扎染织物》 作者：张东泉

图 5–26 《扎染织物》 作者：张东泉

图 5–27 《扎染织物》 作者：张娟

图 5-28 《冈比亚扎染织物》

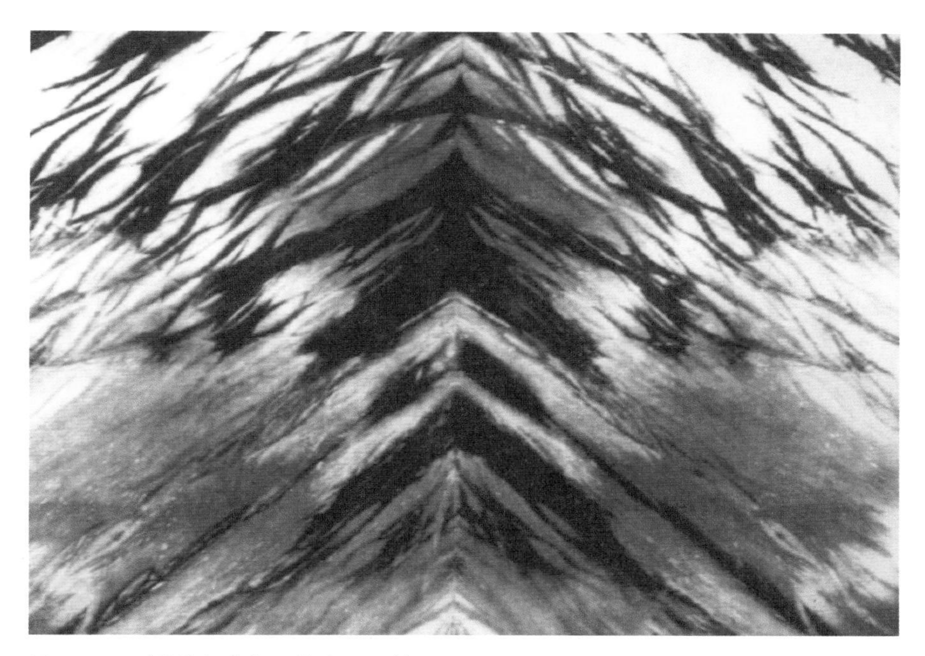

图 5–29 《扎染织物》 作者：王利

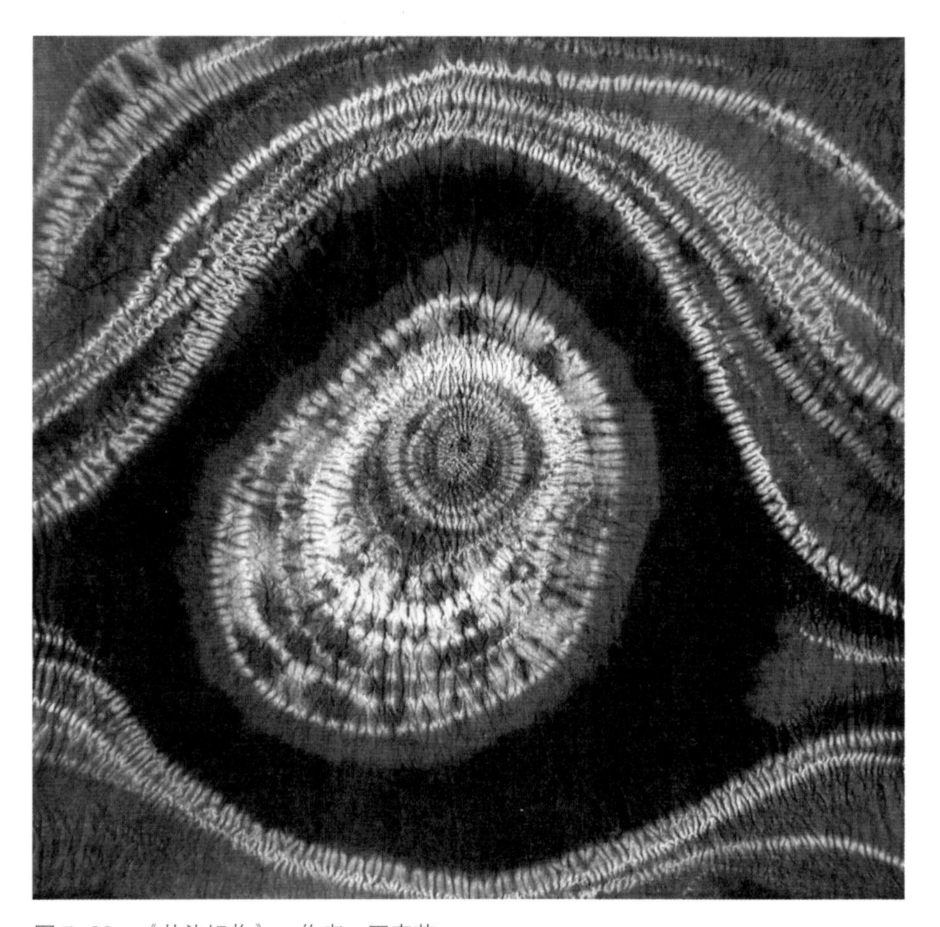

图 5–30 《扎染织物》 作者：王春花

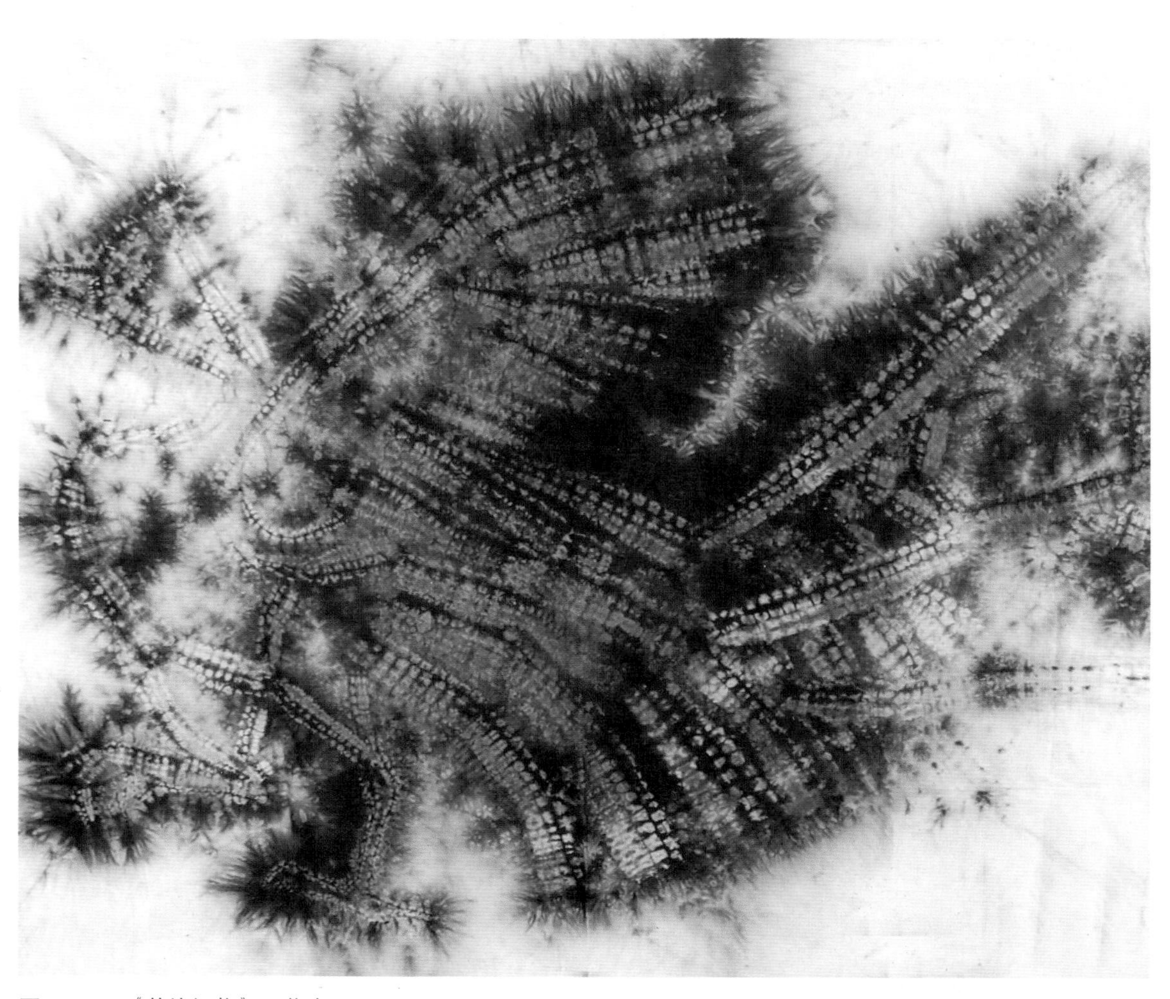

图 5–31 《扎染织物》 作者：王雨

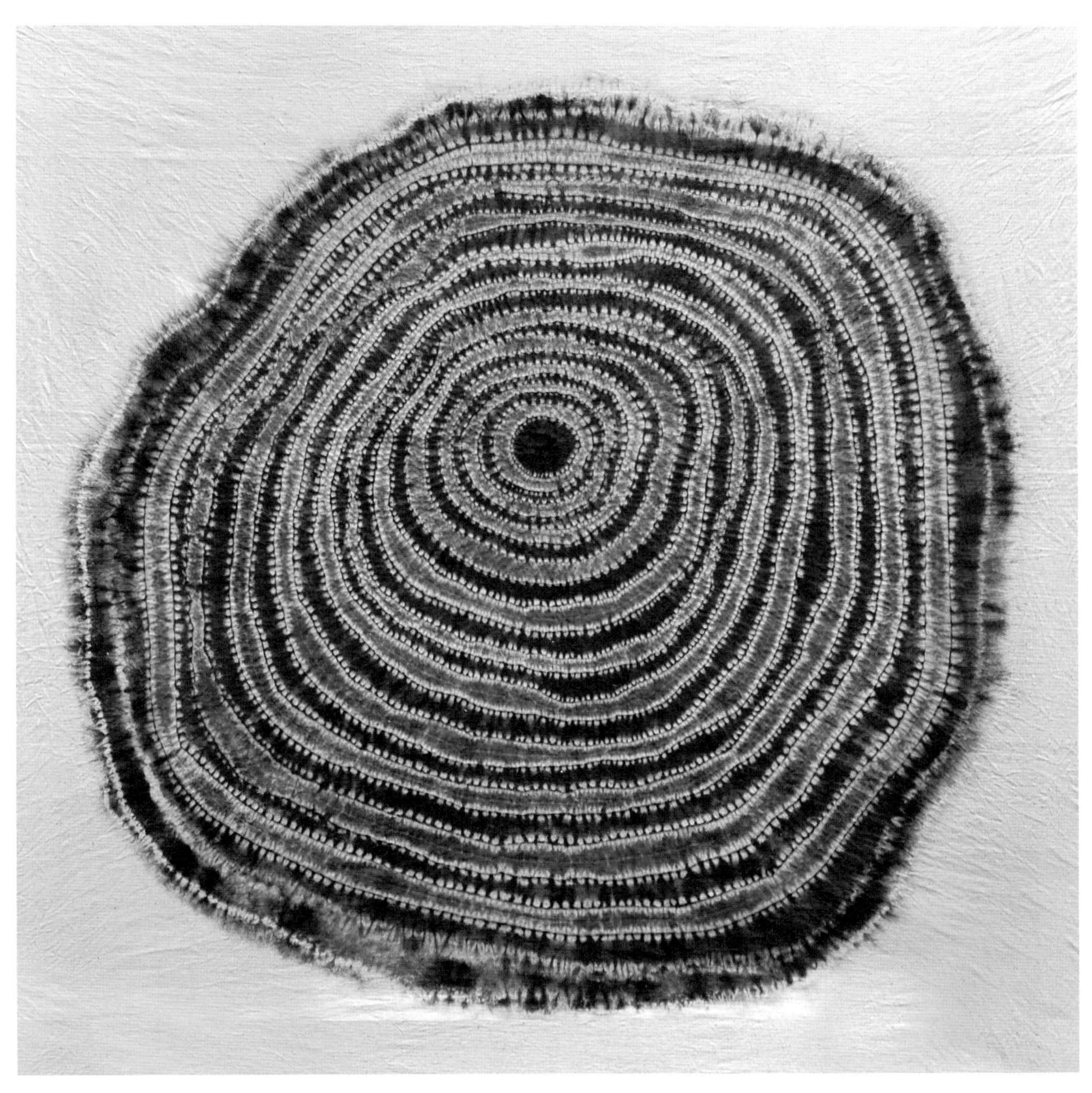

图 5–32　《扎染织物》　作者：李连莹

图 5-33 《扎染织物》 作者：谢雅云

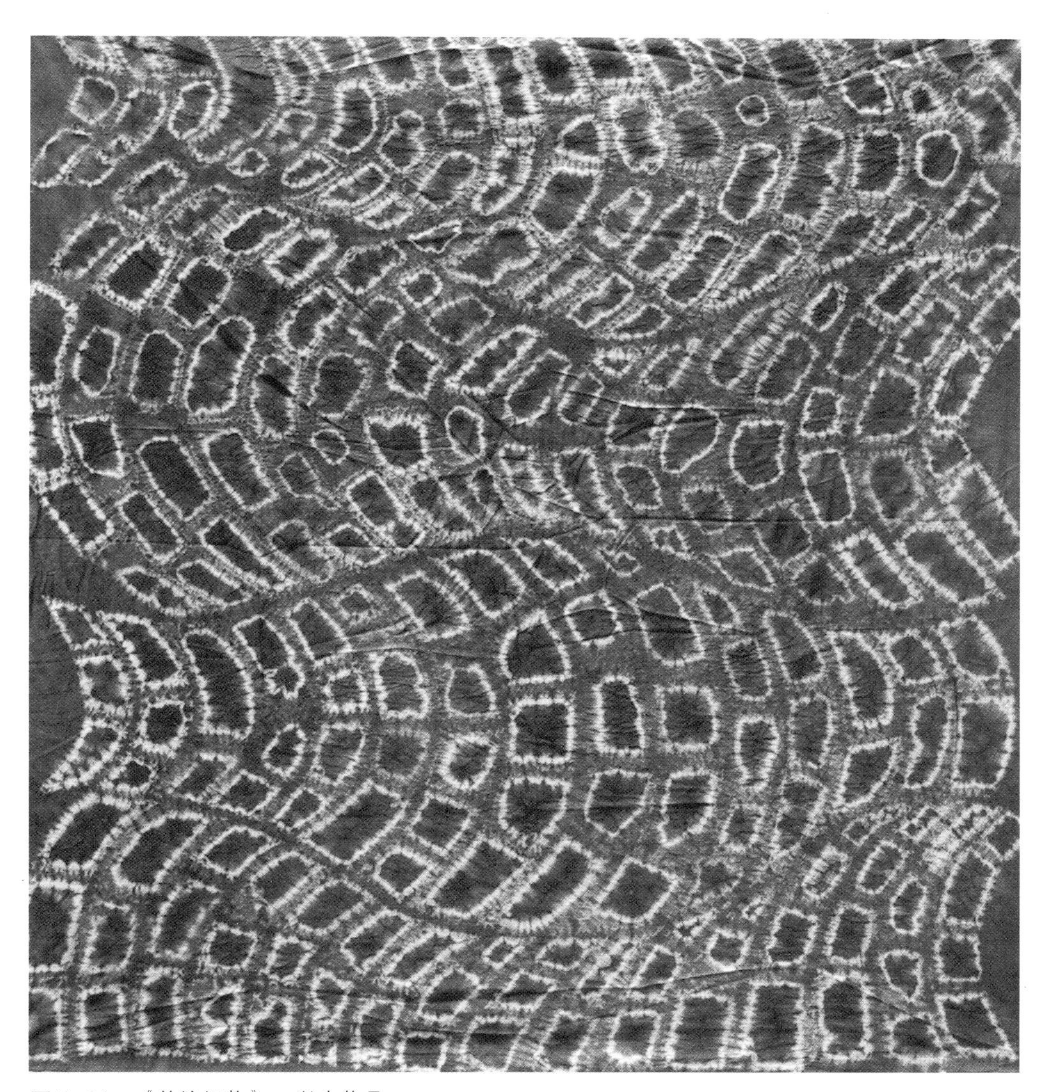

图 5–34 《扎染织物》 学生作品

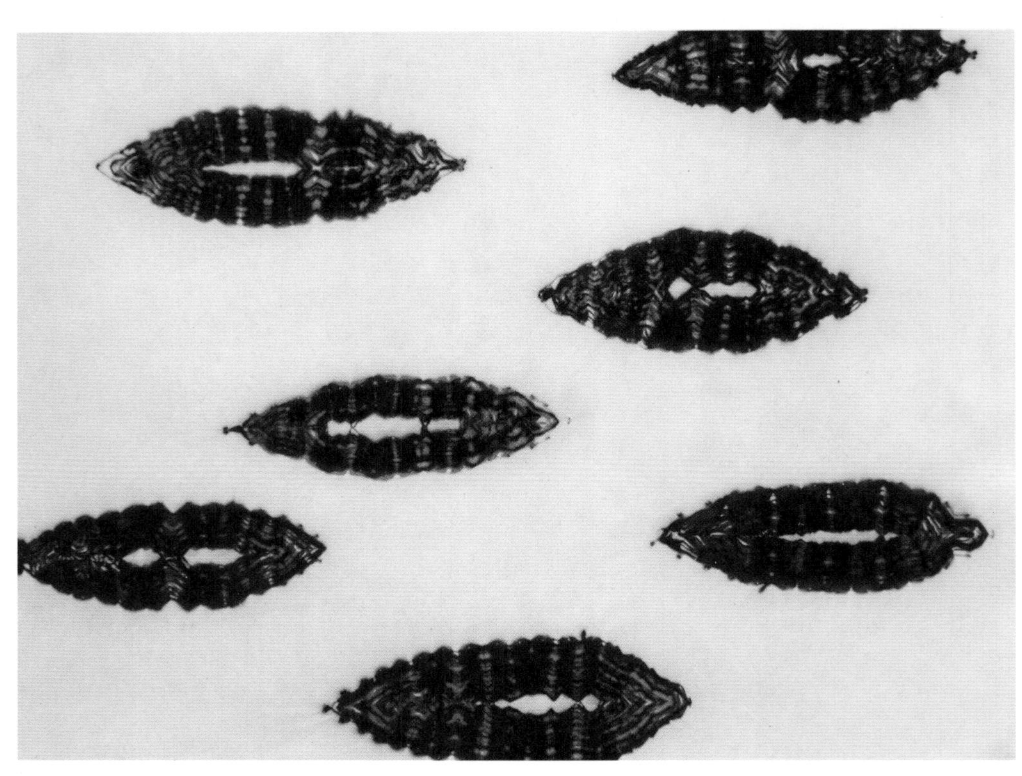

图 5-35 《扎染织物》 作者：王利

图 5-36 《约等于》之一 作者：王利

图 5-37 《约等于》之二 作者：王利

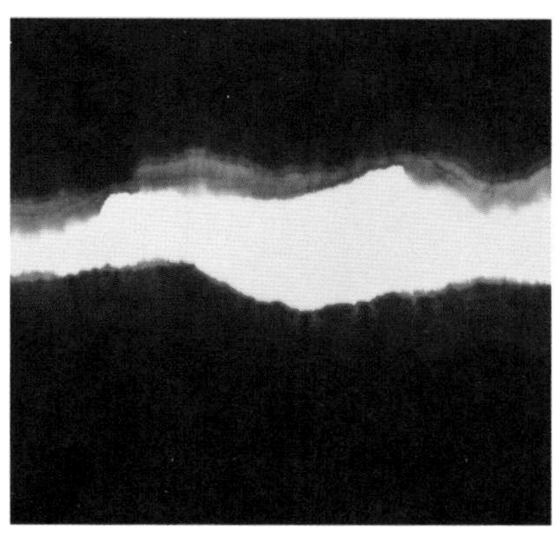

图 5-38 《约等于》之三 作者：王利

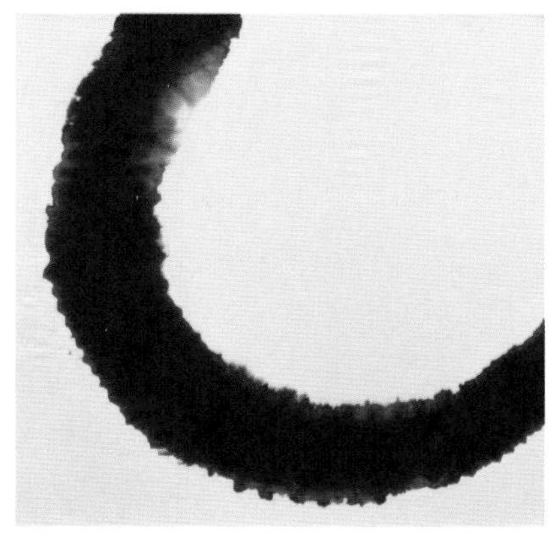

图 5-39 《约等于》之四 作者：王利

思考题：

1．如何进行传统扎染工艺的传承？

2．试述扎染工艺在当代的美学价值和实用价值。